大庆低渗透油田地面工程简化技术

赵雪峰 李福章 等编著

U0199100

石 油 工 业 出 版 社

内 容 提 要

本书全面论述了大庆低渗透油田地面工程简化技术,主要包括油气集输、油气处理、水质处理和油田注水等方面的简化工艺技术,以及油水处理化学药剂和管道应用技术,并介绍了大庆低渗透油田建设的示范工程。

本书适合于从事油田地面工程设计、科研及生产运行工作的技术人员阅读。

图书在版编目(CIP)数据

大庆低渗透油田地面工程简化技术/赵雪峰,李福章等编著.
北京:石油工业出版社,2014.3
ISBN 978 - 7 - 5021 - 9942 - 5

Ⅰ.大…
Ⅱ.①赵…②李…
Ⅲ.低渗透油层 – 油田工程 – 地面工程 – 大庆市
Ⅳ.TE348

中国版本图书馆 CIP 数据核字(2013)第 310017 号

出版发行:石油工业出版社
(北京安定门外安华里 2 区 1 号　100011)
网　　址:www.petropub.com.cn
编辑部:(010)64523562　发行部:(010)64523620
经　销:全国新华书店
印　刷:北京中石油彩色印刷有限责任公司
2014 年 3 月第 1 版　2014 年 3 月第 1 次印刷
787×1092 毫米　开本:1/16　印张:8
字数:194 千字
定价:65.00 元
(如出现印装质量问题,我社发行部负责调换)

《大庆低渗透油田地面工程简化技术》

编　写　组

组　长：李杰训

副组长：赵雪峰

成　员：李福章　田　晶　马士平　姬生柱

梁文义　吴　迪　于　力　崔峰花

张　芳　周鑫艳　阮增荣　栾　庆

孟　岚

前　言

大庆低渗透油田是指相对于长垣老区，油藏空气渗透率普遍低于 100mD 的外围区块，是大庆油田的重要组成部分。自 1982 年杏西油田开发建设以来，大庆外围已相继探明 28 个油田和 3 个油环，开发建设了 27 个油田，截至 2012 年底，年产量达到了 $600 \times 10^4 t$ 以上，且呈持续上升的态势，这是实现大庆油田持续年产原油 $4000 \times 10^4 t$ 的重要保障。

大庆外围低渗透油田地面工程技术经过几十年的发展，已经形成了适应大庆外围相对偏远、零散区块开发的低渗透油田地面工程简化技术系列，如油气集输工艺采用了单管环状流程，站内油气处理采用高效合一设备，注水工艺采用稳流配水装置实现单干管单井配水，以及在污水处理系统为满足油藏注水水质要求应用的膜处理技术等，既有别于油田老区所应用的地面工程技术，又通过工艺的简化控制了地面建设投资，使一些低渗透难采储量的有效动用成为可能，确保了外围低渗透油田经济有效开发。

本书共分八章，包括概述、油气集输简化工艺技术、油气处理简化工艺技术、水质处理简化工艺技术、油田注水简化工艺技术、油水处理化学药剂、管道应用技术和低渗透油田建设示范工程。全书由赵雪峰统稿。在本书的编写过程中，李福章、田晶、马士平、姬生柱、梁文义、吴迪、于力、崔峰花、张芳、周鑫艳做了大量的组织和编写工作，教授级高级工程师、中国石油天然气集团公司高级专家李杰训多次审阅书稿并提出修改意见。在此，向对本书编写工作提供帮助的人员表示衷心感谢。

由于笔者水平有限，书中难免存在疏漏和不足，敬请读者批评指正。

赵雪峰

2013 年 10 月

目　　录

第一章 概　　述

第一节　大庆低渗透油田开发简介

大庆低渗透油田主要分布在大庆长垣的东、西部地区,油藏具有砂体规模小、分布零散、类型多、油水分布复杂、渗透率低等特点,一般称作大庆外围低渗透油田。自 1982 年杏西油田开发建设以来,大庆外围已相继探明 28 个油田和 3 个油环,开发建设了 27 个油田。截至 2011 年底,探明地质储量 $15.25 \times 10^8 t$,动用储量 $6.78 \times 10^8 t$,初步形成了以葡萄花、宋芳屯、龙虎泡、朝阳沟、榆树林、头台为中心的 6 个开发生产基地。大庆外围低渗透油田的原油物性多数具有"三高一低"的特点,即凝点高、黏度高、含蜡量高和气油比低。

进入"十五"以来,大庆外围油田开发的主要对象为特低丰度的葡萄花油层和特低渗透的扶杨油层。已开发的葡萄花油层具有"薄、小、差"的特点,分流河道砂体厚度一般为 2～3m,呈断续、窄条带状,席状砂呈小片状,厚度以小于 1m 为主,面积为 1～3km^2,平面连续性差。葡萄花油层注水收效明显,适合注水开发,单井初期日产油 2～3t,可稳定在 1t 以上。已开发的扶杨油层除了邻近物源的局部区主力层砂体规模较大外,大部分油层河道砂体宽度小于 1.2km,分布零散。扶杨油层注水开发适应性较差,单井日产油量一般小于 1t。

第二节　地面建设概况及技术特点

20 世纪 90 年代初期,随着大庆外围低渗透低产油田的开发,原油集输系统创新研究、应用了单管环状掺水集油流程,配套采用便携式软件量油技术,与老区的双管掺水集油流程相比,以阀组间替代了计量站,实现了两级半布站,节省投资 16%。

自 2004 年以来,大庆油田相继研究、应用了单管树状电热集油流程,较双管掺水集油流程节省管道用量 30%～50%,单井综合投资降低 20% 以上,吨油集输能耗降低 30% 以上。尤其是这种"高效点升温、低耗线保温"的集油流程,与螺杆泵增压油气混输技术配套应用,建设投资大幅下降,为大庆外围低渗油田中系统依托条件较差、油气比较低、零散区块的有效开发提供了技术支撑。

原油处理采用"四合一"、"五合一"等多功能高效处理装置,大幅度简化了油气集输处理工艺。与常规流程相比,占地面积减少 60% 以上,建筑面积减少约 40%,投资节省 30% 以上。

同时,注水、水处理等配套工艺技术不断发展,目前已经形成了较完备的工程技术系列。注水工艺以高效柱塞泵作为动力,其中集中供水、分散注水的系统模式与集中供水、集中注水的系统模式相比,可节省系统投资 10%～30%。

在大庆外围低渗透及特低渗透油田水质处理中,由于对出水水质要求高,为了保证工艺的优化简化,在过滤方面,采用了微絮凝过滤、双膨胀滤芯精滤、磁分离、超滤膜、悬浮污泥等技术;在过滤预处理方面,采用了横向流除油、气浮选除油、氧化除硫、曝气除铁等技术;在辅助工艺方面,采用了化学药剂杀菌、紫外线杀菌、高效氧化催化紫外线杀菌、滤罐反冲洗参数优化等技术。形成了适应不同原水水质特点、满足回注水质标准要求的处理工艺系列。

2006—2007 年,大庆敖南油田投入开发建设,共基建油水井 1906 口,其中油井 1399 口,注水井 507 口,建成生产能力 $95.55 \times 10^4 t/a$。在地面建设中,积极应用近几年先进的优化简化技术成果,集中采用了"四优三化"措施,实现了"四个突破",开展了两项现场试验,应用了十八项技术,使地面建设实施方案与常规方案相比节省建设投资 2.56 亿元,节省年运行费用 3000 多万元,在提高低渗透低产油田开发效益方面取得了显著成果。

第二章　油气集输简化工艺技术

第一节　集油工艺

为了实现长期的高产稳产,大庆油田自1982年开始逐步开展外围油田的开发建设。地面工程技术人员积极探索和实践,不断优化、简化集油工艺,形成了适应不同油田特点的集油工艺技术系列,主要有双管掺水流程、单管环状掺水流程、单管电加热流程、拉油流程、提捞采油工艺、不加热集油工艺等。

一、双管掺水集油流程

大庆外围油田开发早期的集油工艺基本沿用了大庆油田老区的建设模式和标准,双管掺水集油工艺就是当时在油田老区普遍应用的成熟工艺。双管掺水集油流程如图2-1所示。

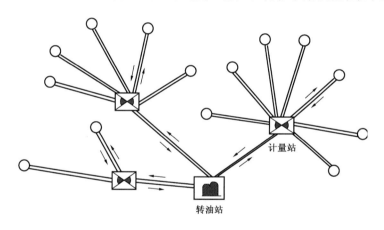

图2-1　双管掺水集油流程示意图

1. 工艺原理

该流程从井口至计量间设集油、掺水两条管道。通过掺水管道,将一定温度的热水在井口掺入集油管道中,提高油气混合物的温度,混合温度一般为50~70℃,使流体的流动特性得到改善,从而保证集油所需的热力条件。同时,井口的油气混合物通过集油管道自压集输至计量间。

一般每11~16口井建设计量间1座,一方面将转油站来的掺水分配至单井,另一方面将单井回液汇合后输至转油站。每座计量间内设计量分离器1台,需要计量的油井油气混合物进入计量分离器,进行单井油气计量。

在原油含水率小于30%时,为保证足够的掺水量,一般由脱水站供水,在转油站加热升温

— 3 —

后,由掺水泵升压输至计量间,经掺水管道输送至各油井井口,再掺入集油管道。当原油含水率大于 30% 时,可以实现在转油站就地放水、回掺。为满足对含蜡高的油井进行定期热洗清蜡的需要,转油站内设固定热洗流程。大庆外围油田一般采用低压热洗的掺水热洗合一流程。即转油站至计量间设掺水(热洗)、集油两根管道。由于热洗压力和掺水压力相同,一般为 2.5MPa,只是温度不同,因此,转油站至计量站的掺水、热洗管道只建设 1 条,功能合二为一。当热洗时,在转油站将热水升温至 80℃ 后,经热洗(掺水)管道输至计量间,再经掺水管道分输至需要热洗的油井,热洗水经井口进入井筒清蜡。

2. 流程特点

(1)采用三级布站模式,集油系统设固定集油、掺水及热洗流程,油井计量、洗井方便;但建设投资高,运行能耗及费用高,平均单井掺水量为 0.8~1.0m³/h。

(2)井场简单,集中计量管理,易于实现油井集中控制。

(3)油井计量采用计量间设计量分离器的计量方式,计量精度为 ±10%。

(4)工艺流程对产量变化适应性强。无论是高产井,还是低产井、间歇出油井,或在修井停产作业等情况下,该流程均有较好的适应性。

(5)油田进入中高含水期后,可调整为掺常温水集油或利用掺水管道实现双管出油、常温输送。

3. 适用范围

该流程具有单井计量准确、洗井方便、便于生产管理的优点。适用于高寒地区高凝点、高含蜡原油的集输,同时满足计量精度要求高、油井固定热洗清蜡的需求。

二、单管环状掺水集油流程

大庆外围油田多为单井产油量 2t/d 左右、原始气油比 20m³/t 左右、新建区块规模在 30×10⁴t/a 以下的低产低气油比的小油田,初期采用双管掺水流程的单井产能建设投资在 160 万元以上,集输自耗气在 30m³/t 以上,开发效果受到明显影响。

在 20 世纪 90 年代初期,为了提高外围低产油田开发效益,适应开发规模不断扩大的开发形势,针对双管掺水流程存在的建设投资高、生产运行能耗大、伴生气量不足等问题,研究成功并全面推广应用了单管环状掺水软件量油集油工艺。

该工艺是在双管掺水集油流程基础上进一步优化、简化而成,其简化了集油、计量、热洗工艺,降低了单井掺水量,提高了油田开发效益。在应用过程中,随着生产经验的丰富及油田地面优化、简化力度的加大,进行了逐步完善,从集输温度、井口回压、集油环管井数、平均单井掺水量、集油半径等多个方面进行了不断的摸索、创新,通过理论与实践的充分结合,形成了目前技术成熟、应用广泛的单管环状掺水集油工艺。单管环状掺水集油流程如图 2-2 所示。

1. 工艺原理

该流程以集油阀组间为单元,采用一条管道串联多井的方式形成集油环,每个集油环串联 3~5 口油井,一般 3 口井以上的丛式井组不宜超过两组,每个阀组间辖 5~10 个集油环。在转油站将分离出的含油污水升温到 70℃ 后,用掺水泵升压输送到其所辖的各个集油阀组间,

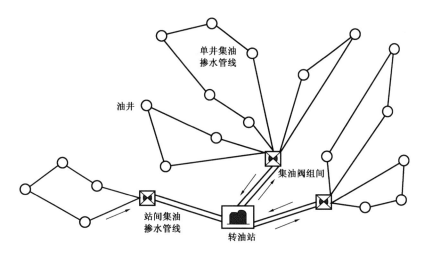

图 2 - 2　单管环状掺水集油流程示意图

继而通过集油阀组间掺水阀组将水量分配到各个集油环,每个环中的热水与油井产液混合升温后一起输至集油阀组间,然后自压至转油站。

2. 流程特点

(1)与双管掺水流程相比,集油工艺简化,由三级布站改为二级半布站;双管改为单管多井串接,集油、掺水管道数量大幅度减少;取消计量站,改为集油阀组间,基建投资降低 16% 左右。平均单井掺水量较双管流程降低 40% ~ 50%,掺水耗电及耗气量明显下降,节约运行能耗 18% 左右。

(2)与大庆油田早期相比,集油参数进一步优化:油井最高设计回压由原来的 1.0MPa 调整为 1.5MPa;含水油进转油站温度由原来的高于凝点 3 ~ 5℃调整为低于凝点 3℃。集油参数的改进,进一步降低了单井掺水量、缩小了管径,使得该种集油工艺的建设投资及运行费用均有所降低。

(3)油井以井口加药、井下加电磁防蜡器的化学清防蜡或机械清防蜡措施为主,结合活动式热洗车热洗清蜡,取消站内的固定热洗设施,转油站设计中不再考虑洗井加热及泵输负荷,达到节能降耗和降低投资的目的。如敖包塔油田的 100 口油井,采用化学清蜡年可节电 $9 \times 10^4 kW \cdot h$。

(4)油井计量采用功图法或液面恢复法,取消了传统的计量站单井计量方式,简化了计量工艺,计量精度为 ±(10% ~ 15%)。

(5)该流程能量消耗仍以伴生气为主,对于气油比低、供气不足的油田,可以采用外站供气或燃料油作为燃料补充。

3. 适用范围

该流程适用于低产、低渗透、低丰度油田,尤其是地处高寒、有一定伴生气资源、高凝点、高含蜡油田的原油集输。

4. 应用效果

截至 2011 年底,大庆外围油田已有 4000 余口油井应用了单管环状掺水集油工艺,降低投资约 9600 万元,年节省运行费用约 5000 万元,建设周期缩短两个月。尤其是在敖南油田的开发建设中,应用该集油工艺后,平均单井掺水量下降到 0.25 ～ 0.4m³/h,转油站辖井数由 80 口左右增加到 200 ～ 300 口。从敖南油田投产后生产运行情况来看,实际井口回压为 0.8 ～ 1.2MPa,转油站进站温度为原油凝点。

三、单管电加热集油流程

为了适应低产、低油气比,又没有外供气源的油田开发,自 1993 年起,部分区块采用了单管电加热集油工艺,截至 2011 年底,外围油田共有 1900 多口油井应用了该工艺。这种集油工艺虽然增加了井口和集油干线的电加热保温设施,但是缩小了集油管径,降低了集输处理规模,减少了站内设备,简化了站内工艺。与环状掺水流程相比,不需要掺热水来保证集输所需温度,因此平均每口井节省基建投资 8 万 ～ 11 万元,但电加热工艺维修费用较高。

1. 工艺原理

电加热集油工艺从加热方式上可以分为三种:一是在井口利用电加热器升温油井产液,利用保温钢管输送的点升温方式;二是在集输管线前段利用高功率电热管升温油井产液,后段利用低功率电热管进行保温,即线升温、线保温方式;三是在井口利用电加热器升温油井产液,再利用电热管进行保温,即点升温、线保温方式。

1)点升温方式

该流程是在每口油井井口设电加热器,将油井气液混合物升至足够的温度后,多井树枝状串接输送进转油站(图 2-3)。考虑到单井产量、含水率、输送距离及原油凝点等因素,为保证末端进站温度要求,该流程井口上升的温度较高,一般为 50 ～ 65℃,井口电加热器的功率较大。由于起点温度与环境温度之间的温差大,导致散热量大,运行能耗较高。

主要设备:井口电加热器、普通防腐保温钢管等。

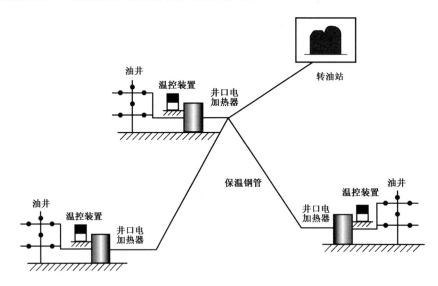

图 2-3 井口电加热器加热的点升温集油工艺示意图

2）线升温、线保温方式

该种电加热集油方式(图2-4)的井口升温设备为高功率电加热升温管(一般为12m)，即每口油井或每座丛式井平台集油管道井口端为升温段，用于给管道内低温介质迅速升温，降低管道摩阻。其余管道为保温段，用于维持管道沿线散热损失，保证管内介质平稳流动，并保温输至转油站，电热保温管道由温控系统全程控制。

主要设备：电加热升温管道、电加热保温管道及温控装置。

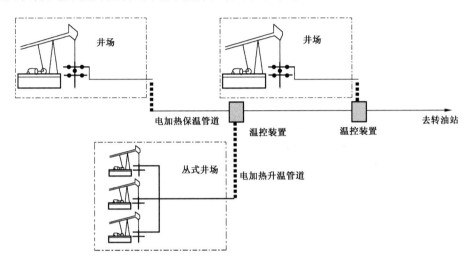

图2-4　线升温、线保温电加热集油工艺示意图

3）点升温、线保温方式

该流程是在每口油井井场或每座丛式井平台井场设置电加热器，将油井气液混合物由井口出油温度加热升至可集输温度，井与井之间由电加热管道串联，将气液混合物保温输至转油站，电加热器及电热保温管道均由温控系统全程控制(图2-5)。

主要设备：井口电加热器、电加热保温管道(图2-6)及温控装置等。

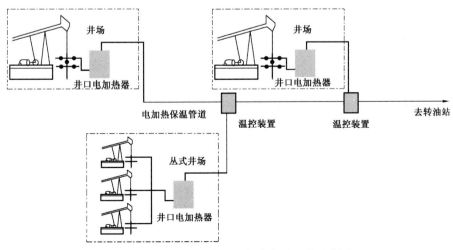

图2-5　点升温、线保温电加热集油工艺示意图

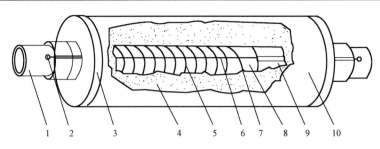

图 2-6　电加热保温管结构示意图

1—无缝钢管；2—电源插接头；3—防水帽；4—聚氨酯泡沫保温层；5—电热线；
6—耐高温电源线；7—电源接点；8—绝缘防腐层；9—隔热护套；10—聚乙烯黄夹克

4）三种电加热集油方式能耗对比

三种方式虽然都能达到集输温度的要求，但所耗电能有所不同。下面以大庆外围油田同一口油井为例，计算三种电加热集油工艺能量消耗情况。

假定油井产油 2t/d，产液 2.5t/d，综合含水率 20%，气油比 32m^3/t，凝点 30℃，原油黏度 30mPa·s；管径 ϕ48mm×3mm，井口出油温度 10℃，进站温度为凝点，输送距离 300m。

（1）点升温、线运行方式。

在假定条件下，井口电加热器加热温度为 100℃（但实际生产不能实现，故此种条件仅作为比较参考），井口电加热负荷为 5.0kW，按电加热器效率为 85% 计算，日耗电量为 141.2 kW·h。

（2）线升温、线保温方式。

在假定条件下，井口段电加热升温负荷为 1.7kW，保温管电加热负荷为 4kW，按电加热器效率为 85% 计算，合计日耗电量为 143.8kW·h。

（3）点升温、线保温方式。

在假定条件下，井口电加热负荷为 1.1kW，保温管热负荷为 4.1kW，按电加热器效率为 85% 计算，日耗电量为 130.0kW·h。

由理论计算可知，第一种方式与第二种方式耗电量相当，第三种方式耗电量最低。经过多年反复的生产实践摸索，第三种"高效点升温、低耗线保温"简化创新工艺已成为大庆外围油田应用数量最多的电加热集油工艺。

2. 流程特点

（1）简化了转油站工艺流程，取消了掺水炉、掺水泵及相关掺水加热工艺，缩小了油气处理规模。

（2）站外采用一条电加热主线带多井、单管集油方式，简化了布局，减少了集油阀组间建设数量，减少了分散管理点。

（3）集油系统温度场稳定，原油流动性好，可以将集油半径扩大到 7~8km。

（4）集油管网中设有温控装置，可根据设定温度自动调节电量供给。

（5）电加热保温管具有全线加热功能，可实现管道长时间停运后的自动解堵。

（6）由于一条主线带井数较多，若中间某处管线出现故障，则影响面积较大。

（7）电加热保温管道接头多，每两根相接处有 4 个接头，其中 3 个为电缆接头，1 个为碳纤维接头，施工难度大，故障率高。

（8）对电加热保温管电缆连接的密封性要求高,防水防腐措施要求严密,否则遇有低洼、潮湿、积水时极易发生短路断电问题。

（9）电加热保温管的电缆、加热电线在钢管外侧,在施工过程中容易受到挤压、碰撞,造成断点,因此,对施工质量要求较高。

3. 主要技术参数

（1）端点井回压小于 1.5MPa。

（2）转油站进站压力 0.15~0.20MPa。

（3）井口电加热器出口温度低于原油凝点 3℃。

（4）电加热保温管道运行温度低于原油凝点 3℃。

（5）转油站进站温度低于原油凝点 3℃。

4. 适用范围

该流程主要消耗电能,适用于低产、低渗透、低丰度、区块独立、依托条件差、伴生气量不足、周边没有外供气源的油气集输。但在近几年的生产运行中也发现,该集油工艺故障率较高,主要包括电加热器故障、电加热管道故障和温控装置故障。

四、拉油流程

对于零散区块的低渗透油田,由于远离老区,单井产量较低,油田无供电设施,开发面积小,无法形成外输能力,只能采用单井或集中装车拉运外输的集油方式。

1. 工艺原理

根据拉油方式不同,分为单井拉油和集中拉油两种形式。

对于分布零散的油井,一般采用单井拉油方式（图 2-7）,井口设高架油罐或多功能储罐。大庆外围油田大多采用多功能储罐的储存方式。油井产出的气液混合物自压进入多功能储罐（高架罐）,在罐内进行计量、油气分离、加热、储存。分离出的油田伴生气作为燃料,对罐内含水油进行加热,满足集输拉运所需温度要求,供热不足部分可用电加热器补充。密闭储罐靠自压装车,高架罐靠位差压力装车,装车后拉运到卸油点。

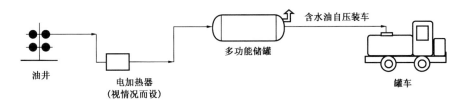

图 2-7 单井拉油流程示意图

对于油井分布相对集中的偏远、低产、孤立的小断块油田,采用集中拉油方式（图 2-8）,即在井区的中心位置集中设置多功能储罐或高架罐。油井经集油管道进入集油站的进站阀组,自压进入高架罐或多功能储罐后装车外运。

根据油井产液量、道路情况和拉运距离确定储罐容积,储存时间宜为 2~7 天。

对于高寒地区、高凝点原油,要视原油物性、井口出油温度、井口集输距离等因素,决定是

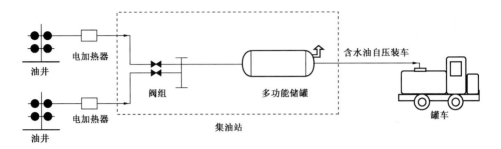

图 2-8 集中拉油流程示意图

否需要在井场设置加热设施。

2. 流程特点

(1)工艺简单、灵活,多功能集油罐可搬迁重复利用,但管理分散,且拉油工艺对道路标准要求较高。

(2)多功能拉油储罐以油井伴生气作为加热燃料,可充分利用井口伴生气资源,减少能源浪费。

(3)与单管环状掺水流程相比,其地面设施少,建设投资低,可降低一次性投资50%,但拉油运行费用较高,并且该工艺为开式流程,油气损耗大,运输过程中也容易对环境造成污染。

3. 适用范围

对于距离已建油气集输系统较远、规模较小的分散断块可采用拉油流程。其中,单井拉油流程适用于远离已开发油田的低产零散井;集中拉油流程适用于孤立、低产断块,虽不能形成有一定的规模集油能力,但油井相对集中的油田。

五、提捞采油工艺

为了降低大庆外围"三低"油田的生产成本,开辟有效开发的新途径,从1996年起,大庆油田先后在台105、茂801、升平、宋芳屯、徐家围子、大榆树、朝阳沟、薄荷台、榆树林、头台等区块推广了提捞采油工艺(图2-9)。目前,在捞油工艺、捞油设备、测试诊断和提捞采油操作管理等方面已基本形成了配套技术。

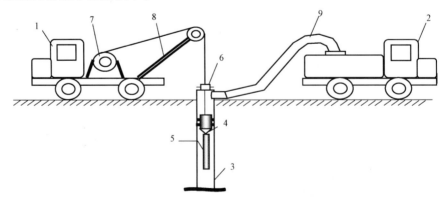

图 2-9 提捞采油工艺流程示意图

1—提捞车;2—油罐车;3—套管;4—捞油抽子;5—重锤;6—井口;7—钢丝绳滚筒;8—井架;9—胶管

1. 提捞车提捞工艺

采用抽汲原理,将胶囊式抽油泵(俗称抽子)投入油管,抽油泵由钢丝绳拖动,使之下到液面下某一深度,然后上提,可将抽油泵上面的油抽出汇集到油罐车中,然后拉到卸油站。在井内,由于密度差异,原油总在上部,抽油效率较高。为了防止套管内积油,可以安装封隔器;同时,为了减少抽油泵的抽汲压力,封隔器应具有自下而上的单向流能力。

(1)提捞车:大庆油田应用的提捞车主要采用 T815 或五岳车为底盘,采用液压或机械驱动方式驱动滚动筒旋转,实现钢丝绳的起下。对于斜直井的捞油机,以平台轨道替代汽车底盘,采用电力驱动方式。

(2)快速卸油罐车:普遍使用大庆油田自行研制的东风罐车,罐体外加保温层和铁皮保护层,罐底设有强制卸油机构(绞龙),并有蒸汽盘管,以便在发生冷凝时进行加热处理,罐容5~15m³,卸油耗时 15~30min。

(3)卸油点:有活动式和固定式两种形式。

(4)提捞泵:提捞泵有两种,一种为套管提捞泵,另一种为油管提捞泵。套管提捞泵可以用于直径为 5½in 或 4½in 的直井、斜井;油管提捞泵可以应用在 2½in 油管上。提捞泵由打捞头、灌铅联绳器、防打扭装置、过载销钉、密封胶筒等组成,具有防脱、过载保护等功能。主要易损件为捞油胶筒,其使用寿命约为 20 次左右。

2. 提捞式抽油机

针对低产井中干抽井现象严重,造成能源浪费、能耗高的问题,研发应用了智能提捞式抽油机(图2-10),现场试验效果良好。

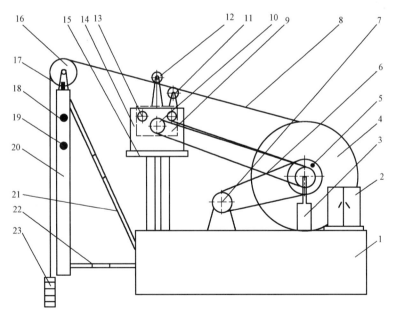

图 2-10　智能提捞式抽油机示意图

1—机架;2—电控柜;3—刹车装置;4—钢丝滚筒;5—深度传感器;6—传动链条;7—电动机;8—圆面钢丝;9—排绳座;10—排绳丝杠;11—下限位滑轮;12—上限位滑轮;13—导轴;14—丝杠座;15—排绳支架;16—滑轮;17—重力传感器;18—数据发射器;19—防盗报警器;20—井口支架;21—斜拉筋;22—直拉筋;23—抽子

抽油时电动机反转,抽子带着钢丝下行;当抽子到达液面时,重力传感器感应到重力变化,深度传感器感应出液面高度,此时抽子继续下行至设置的距离,当抽子到达设置距离时,电动机正转,抽子上行抽油;当抽子抽油上行至所设定的深度时,电路控制箱内的控制系统指挥电动机停止转动,制动器制动,使钢丝不再继续上行;根据液面恢复速度确定设置抽子停止时间;等液面恢复到一定高度后,电路控制箱内的控制系统指挥开启制动器,同时使电动机反转,抽子带动钢丝向下运动,当抽子到达液面时继续下行到设置距离,电动机正转抽子上行抽油;根据每次测得的液面深度的变化,电路控制箱内的控制系统自动增加或减少活塞停止时间,从而提高抽油效率。

抽子下行到设置距离要上行时,重力传感器所感应到的重力就是此次抽油的产量,重力传感器将感应到的信号传给电路控制箱内的存储系统,电路控制箱内的存储系统存储每次抽油的产量,从而可得到每天此井的产量及此井每天的平均液面深度。为了保证抽油装置安全,当深度不准时,在抽子上行过程中,一旦限位环接触到深度校正传感器,深度校正传感器就通过信号传输线把信号传输给电路控制箱内的控制系统指示电动机停止转动,钢丝不再上行,从而达到保护电动机的目的。

电动机具有负荷保护功能,当负荷大于设定负荷值时,电动机自动停止转动。根据油田具体情况,抽子可在套管内直接抽油,不用下油管、筛管和带孔丝堵;同时也可以不安装数据发射器与防盗报警装置。

3. 提捞采油工艺特点

(1)工艺简单,工程量少,节省投资和作业施工费用。相同条件下,与抽油机采油方式相比,提捞采油工程投资可节省14.8%,降低操作成本29.8%。对低产低渗透开发新区和开发后期的老区低产井,提捞采油是提高经济效益的有效措施。

(2)提捞采油具有一定的"负压解堵"作用,使油井解堵并增产。如朝阳沟油田的15口低效老井改为提捞采油生产后,增产了10.2%。

4. 适用范围

近年来,提捞采油工艺在大庆外围油田得到较为广泛的应用,获得了较好的经济效益,提捞采油特别适用于独立偏远区块(诸如新开发无供电条件的区域或距已建系统较远)以及产量小于1.5t/d的低产低效井、探井、停产井等。

六、不加热集油工艺

为了降低投资、节能降耗,大庆外围油田还针对含水率高于80%的部分低产油井试验应用了不加热集油工艺。

1. 工艺原理

外围油田高含水井的不加热集油工艺,根据单井连接方式不同分为两种:一是单管多井串联冷输集油工艺,即单井集油不掺水,3~5口油井采用串联连接;二是单管多井树状不加热集油工艺,即单井集油不掺水,3~5口油井采用树状挂接。每个集油阀组间辖多个冷输串/枝,阀组间集油管道少量掺水,以保障阀组间至转油站集油管道的正常运行。单井管道深埋不保温,站间管道浅埋保温。

2. 工艺特点

（1）该流程对油井采出液含水率要求较高，对于外围油田而言，主要应用于进入中高含水期区块的集油系统改造。端点井产液一般不低于12t/d，综合含水率在80%以上；井口回压不大于1.5MPa；每个冷输集油串/枝辖井数不宜超过5口；单井管道埋深2.0m，不保温；站间管道埋深1.2m，保温。

（2）采用单管不加热集油工艺，大幅度简化了集油工艺，与采用外围油田常用的单管环状掺水集油工艺相比，降低地面建设投资10%，降低运行费用50%。

（3）集油管道要求内壁光滑。大庆外围油田主要应用了普通钢管、连续增强塑料复合管、内涂熔结环氧粉末钢管、玻璃内衬钢管4种管材。从运行效果来看，对井口回压升高的抑制效果从强到弱依次是玻璃内衬钢管、内涂熔结环氧粉末钢管、普通钢管、连续增强塑料复合管。

3. 应用效果

大庆外围葡北油田原采用双管掺水集油工艺，因注采系统调整、地面设施腐蚀老化等原因对集油系统进行调整改造，应用单管不加热集油工艺。通过优化井站布局，取消转油站1座，减少计量间11座。与采用原双管掺水集油流程改造相比，节省建设投资2896万元；与采用单管环状掺水集油流程改造相比，节省建设投资695万元。

改造后，对149口井的运行情况进行监测：

（1）单井回油温度为13~42℃，平均回油温度26℃。52%的油井回油温度高于原油凝点25℃，17%的油井回油温度在20℃以下。

（2）57口井采用单管多井串联不加热集油流程，平均回油压力为0.79MPa，与原双管掺水流程相比平均上升了0.30MPa。80%油井回压范围为0.5~1.0MPa，只有1口井回油压力高于设计压力1.5MPa。

（3）92口井采用单管多井树状不加热流程井，平均回油压力为0.71MPa，与原双管掺水流程相比平均上升了0.20MPa。83%的油井回油压力在1.0MPa之内，10口井回油压力高于设计压力1.5MPa。

（4）从油井回油压力的情况来看，在回油温度低于原油凝点5℃以内条件下，冷输集油工艺仍能正常运行。

（5）个别井因集油温度低、集油半径大、实际产量高于预测产量的原因，出现回油压力高于设计值的现象，需要根据生产情况进行适当调整。

（6）在葡北8号、10号、12号站集油系统改造过程中，油井井口及立管部分应用了不加热集输阀岛及油井出液保温立管，取代井口电热带保温的方式。现场试验表明，这两种设备具有很好的保温效果，油井在故障停井后，保温立管不冻，确保了油井的正常起抽。

第二节　计量与防蜡技术

一、计量技术

大庆外围油田先后采用了多种单井计量方式，常用的有示功图软件量油、液面恢复法、计量车和温差法计量等技术。

1. 示功图量油技术

1）技术原理

抽油机井功图量油技术是把油井有杆泵抽油系统视为一个复杂的振动系统（包含抽油杆、油管和井液三个振动子系统），在一定的边界条件（如三个振动子系统的连接条件）和一定的初始条件（如周期条件）下，对外部激励（地面功图）产生响应（泵功图）。通过建立油井有杆泵抽油系统的力学、数学模型，计算出给定系统在不同井口示功图激励下的泵功图响应，然后对此泵功图进行定量分析，确定泵的有效冲程，进而折算出有效排量。有杆泵抽油系统功图法计量技术原理示意图如图 2 – 11 所示。

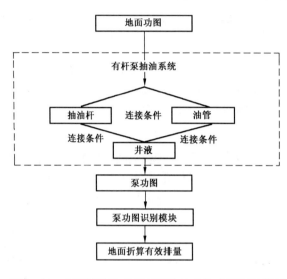

图 2 – 11　有杆泵抽油系统功图法计量技术原理示意图

从理论上讲，功图可表示抽油泵每次抽油的产量。深井泵的示功图直接反映泵的工作情况和泵内液体的充满程度。仪器采集每个冲程的示功图数据，根据其数据变化分析每个冲程泵内液体的充满程度，把泵筒作为计量容器，计算出每个冲程的抽汲量（有效冲程），然后通过计算得出单井的产液量。即

$$Q = \frac{1440\,\pi}{4} R^2 S_0 T\rho$$

式中　　Q——油井产液量，t/d；

R——泵筒内径，m；

S_0——有效冲程，m；

T——冲次，次/min；

ρ——混合液密度，t/m^3。

2）适用范围

便携式示功图量油适用于单管环状流程的所有抽油机井，不仅包括常规直井，还包括斜井、出砂井、高含气井、稠油井等复杂井况井。

3）应用效果

目前，大庆外围油田大部分环状流程油井都应用了示功图软件量油技术，标定量油误差为 ±（10% ~15%）。

2. 液面恢复法量油

1）技术原理

对于在正常生产情况下的抽油机井，一般来说，低产油井动液面较深，油井处于产液、供液

平衡状态,即地层进入井筒油量等于举升系统的排除量,此时油井的动液面在一段时间内保持稳定。根据有关测井理论,油井关井后液面上升,上升速度随着关井时间延长逐渐变缓。测量时,仪器通过一定时间间隔测出三个液面深度,由三个液面深度变化计算出液面恢复速度,然后通过计算得出相应的产液量。即

$$Q = \frac{1440\,\pi}{4}(D^2 - d^2)v\rho$$

式中　Q——油井产液量,t/d;

　　　D——套管内径,m;

　　　d——油管外径,m;

　　　v——液面恢复速度,m/min;

　　　ρ——混合液密度,t/m^3。

2)适用范围

一般适用于液面不低于200m的油井。

3)应用效果

1995年以来,随着大庆外围油田开发,在产能建设中大量使用液面恢复法量油,通过与计量车对比,标定量油误差为15%～20%。该设备工艺简化,操作简单,管理方便,一次性投资少。但由于量油时每次至少要测三个点的动液面,关井时间一般需1～2h,影响油井生产,对于原油凝点、含蜡量和黏度都比较高的油井,冬季易造成蜡卡。另外,油套环形空间有泡沫段时液面计量误差较大。

3. 温差式计量装置

1)技术原理

温差法计量装置(也称热式流量计)采用电加热被测流体,通过测量流体被加热前后的温升值 ΔT 来测量流体流量。该装置由加热器、温度传感器、预处理电路等组成,其结构原理见图2-12。

当采用恒功率加热被测流体时,被测流体的温升值为:

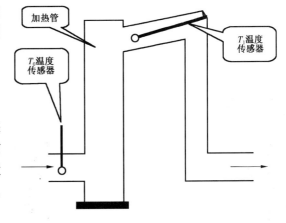

图2-12　温差法计量装置结构原理简图

$$\Delta T = \frac{P\eta'}{CQ}$$

式中　P——流体获得的加热功率;

　　　η'——电能转为流体热能的效率,%;

　　　C——流体的体积热容量;

　　　Q——流体的体积流量;

由上式可得出被测流体的流量:

$$Q = \frac{P\eta'}{C\Delta T}$$

对于井口采出流体中所含的少量气体,由于其体积热容量很小,对测量结果影响不大,测量过程中可以不用气液分离,通过温差法直接测出井口的液体产量。

2)适用范围

温差法计量过程不受油井机械采油方式的影响,适用于外围油田各种产量相对平稳的低产少气井。

3)应用效果

现已在大庆外围油田部分采油厂应用,标定量液误差为 ±10%。

4. 车载式油井计量装置

1)技术原理

该装置采用两相分离计量技术,并在分离器的入口处增加了气液预分离管道,以增强消能和预分离效果,提高装置气液处理能力。其液产量由分离器量桶计量,通过蓄液过程中的上液时间和积液高度来计算,气产量由旋进旋涡流量计计量,测量数据上传给计算机计算单井气、液日产量。其工艺流程详见图 2 – 13。

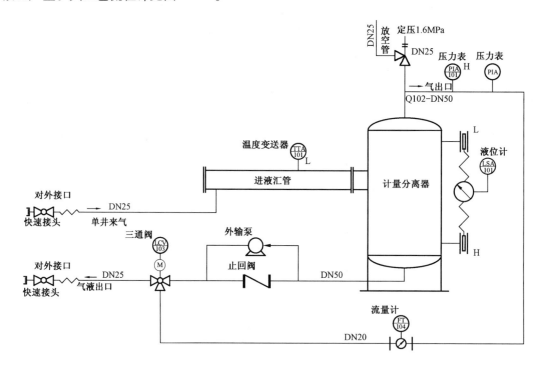

图 2 – 13 车载式油井计量装置流程示意图

2)工艺技术参数

气流量(工况)$1 \sim 15 m^3/h$,液流量 $0 \sim 2 m^3/h$,设计压力 1.6MPa,操作温度 $15 \sim 40℃$,气液两相计量误差 ±10%。

3）结构组成

计量装置主要由两相立式计量分离器、差压式液位计、压力变送器、温度变送器、旋进旋涡流量计、电动三通球阀、排液泵、电保温软管、快速接头和控制系统组成。控制系统包括有 PLC 可编程控制器和笔记本电脑。其中 PLC 可编程控制器负责计量过程的自动控制与保护，实现低液位积液排气、计量气、液产量，高液位积气蓄压，排空分离器内液体的计量循环。笔记本电脑用于人机交互，读取计量过程中的各种数据。另外，分离器上还设有高液位变送器和压力传感器，用于分离器高液位报警和超压报警。

4）适用范围

该计量装置采用电加热高压橡胶软管配快速接头连接方式，具有一定保温加热能力，可用于环境温度较低的野外操作，适用于油田中低产油井的产量计量。

5）应用效果

该计量装置已在大庆外围油田广泛应用，为油田单管集油流程的油井计量提供了新方法，同时也解决了功图量液仪等软件量油的校验问题。但因该装置为车载，对进井道路有一定的要求。

5. 远程监控液量在线计量及分析优化系统

1）技术原理

远程监控液量在线计量及分析优化系统（图 2－14）是采油工程技术、通信技术和计算机技术相结合的系统。近年来，结合中国石油油气生产物联网的建设，在外围油田开始试验应用。该系统具有油水井自动监测和控制、实时示功图、压力、转速、电参数等数据采集、油水井液量计量、油井工况诊断、系统效率优化设计等功能。通过安装在抽油机井上的无线采集传感器，将采集数据无线传输到油井 RTU 上，通过无线通信方式将其传送到数据处理点（中心监控室）。数据处理点对采集点传送的数据，通过单井工况监测、液量自动计量及分析优化软件分析，实时实现生产井液量查询、工况诊断及油井优化设计。

2）结构组成

油井远程在线计量及优化分析系统（图 2－15）由硬件和软件两部分组成，主要由工况监控、计量及分析优化、网络浏览、远程视频监测 4 个系统组成。1 口油井安装 1 台 RTU 和多个传感器，每个传感器均与油井 RTU 相连接，对油井数据进行采集，并反馈给上位监控主机。主机根据传回的油井现场测试数据分析出油井生产的基本数据。

3）适用范围

适用于自喷井、电潜泵井、螺杆泵井、游梁机有杆泵井的产液量计算分析数学模型和软件，对油井的现场数据进行在线处理，计算各类油井的单井产液量，进入生产报表系统。

二、清防蜡技术

1. 活动蒸汽热洗车清蜡

1）技术原理

蒸汽洗井是清除油井结蜡的方法之一，其清蜡机理是：将锅炉车加热的高温水蒸气，不断

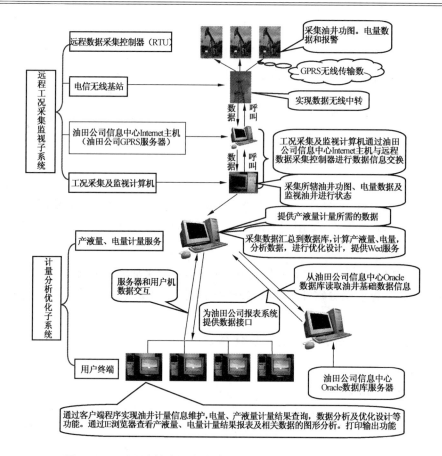

图 2-14 远程监控液量在线计量及分析优化系统工艺流程图

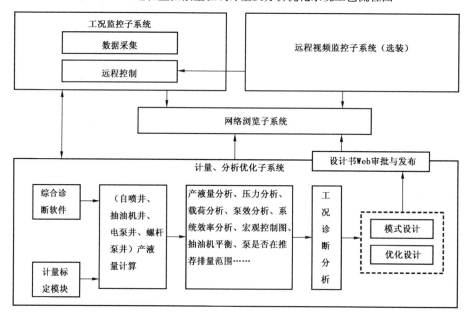

图 2-15 油井远程在线计量及优化分析系统组成图

地从井口注入油管、套管环形空间,自上往下蒸汽的热量逐渐传递给油管,从而使井筒内的结蜡逐步熔化;利用抽油泵的正常工作,使熔化了的蜡随着油流带出井筒,从而达到油井清蜡和恢复产能的目的。

2)结构组成

洗井车由洗井泵、变速箱、传动箱、加热炉、风机、液压泵、强磁除垢仪、计量仪表等部件及管汇,构成机械主、副传动系统,液压传动系统,燃油供给系统,电气操作系统,电点火系统,供风系统,排出管系及入井管系等专用装置。

3)工艺技术参数

最高压力 $35 \sim 40$ MPa,最高排量 50 m³/h,最高蒸汽温度 200 ℃。

4)应用效果

目前,外围油田主要采用蒸汽车洗井,平均清蜡周期为 120d,与未采用该热洗措施相比,清蜡周期延长了 35d。

2. 固体防蜡

1)技术原理

固体防蜡剂是一种形态为固体,能起到防蜡作用的防蜡剂。主要由高分子聚合物及表面活性剂固化而成,是一种高分子型防蜡剂,它是在高温高压和氧引发下聚合而成的,具有支链型结构,易于在油中分散并形成网状结构。由于高分子聚合物 PE 和石蜡链节相同,并且在浓度很小时,就能形成遍及整个原油的网络结构,所以石蜡易在其网络结构上析出,并彼此分离,不相互聚集长大,也不易在油管、套管内壁表面沉积,而很易被油流带出地面。固体防蜡管随检泵作业安装在抽油泵和防砂筛管之间,油流通过时溶解其中的固体防蜡剂,通过共晶吸附作用干扰蜡晶聚集,防止蜡晶直接沉淀在杆、管壁上,达到防蜡目的。

2)应用效果

通过对 339 口应用固体防蜡剂的油井进行统计,油井平均清蜡周期为 215d,与安装前相比延长了 120d。

3. 电磁防蜡

1)技术原理

电磁防蜡器由电源部分和电磁转换部分组成(图 2-16)。交流电由电源部分变换为可控的直流电,变换后的直流电供给电磁转换部分,电磁转换部分将电能变换成不断变化的磁场能,磁场沿管壁方向作用于原油,可改变原油的分子排列结构,使杂乱的分子团变成极化的稳定分子链,降低其脱离溶液而析出的能力。通过极化而产生的作用可在两个方向向无限远处传递。在油井地面井口装上该稳流系统时,油流极化会在来自油井的原油中反向传递,使管道中的分子排序在整个管道长度方向上形成分子链,使石蜡分子留在溶液中,使得前后分子的排列发生改变,从而防止其从溶液中析出、堆积在油管的内表面,降低其脱离溶液而附着在油管内壁的能力,使石蜡分子悬浮在原油中不易结晶析出,从而达到防蜡的目的。

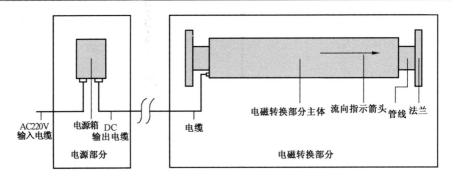

图 2-16　电磁防蜡工艺流程示意图

2）结构组成

电源部分主要由单片机控制、电源变换、过流保护、温度保护等电路组成。使用 AC220V 50Hz 或 AC380V 50Hz 电源，因电源为单相（AC220V 或 AC380V）可以很方便地从抽油机井配电；电磁转换部分主要由电磁转换主体和机械连接等部分组成，实现电能到电磁能的变换和监测。

3）工艺技术参数

主通径 50mm，额定压力 1.6MPa，长度 700mm，额定电压 AC220V 50Hz，有功功率 2～300W，工作环境温度 -35～50℃，管线作用距离不小于 2km。

4）适用范围

电磁防蜡器主要适用于三种井：一是伴生气量大、加药困难井；二是路途偏远、通井路况差、在雨季难以进车加药或热洗的井；三是载荷比 2.0 以上、最大载荷 50kN 以上的抽油机井。

5）应用效果

对 225 口井的电磁防蜡器应用情况统计结果表明，平均清蜡周期为 185d，与安装前相比延长了 90d。

第三节　主要设备及装置

一、井口电加热器

井口电加热器为油井产液提供初始输送温度，以电能为能源，最终转化为热能，再通过介质传输的方式将热量传递给油井产液。井口电加热器加热温度可调可控，使加热温度始终保持在安全范围内。

根据加热方式不同，井口加热器可分为真空相变热超导高效电加热器、电磁感应电加热器和电阻式电加热器三种类型。

1. 真空相变热超导高效电加热器

热超导井口电加热器和管道电加热器装置的核心技术之一是利用传统的热管技术，加入特种无机工质，按特定的工艺制作成热超导热管，其传热原理相对于传统的热管，除了具备普通热管的传热原理外，固体工质在热端吸收热量，然后依靠分子的高速振荡把热量传到冷端。该种热超导热管具有内压低、传热强度高（传热效率为 95% 以上）、耐高温、寿命长、安全可靠的特点。

2. 电磁感应电加热器

电磁感应电加热器(图2-17)利用电磁感应的原理将电能转变成热能。交流电能入线圈时,感应线圈便产生变磁通,使置于感应线圈中的铁管受到电磁感应而产生感应电势,感应电势在铁管中产生电流,使铁管开始加热,进而作用于管内的介质,使管内介质达到所需要的温度。

感应电加热器功率选择:

$$A = KCQT$$

式中　A——电加热器功率,kW;

　　　K——电磁转换系数,一般取0.64;

　　　C——导热系数,水为1,油为0.457;

　　　T——温度差;

　　　Q——介质流量。

3. 电阻式加热器

电阻式电加热器(图2-18)按结构可分为立式、卧式和管束式三种,加热介质为液体。加热介质进入加热器后,在布有电加热棒的环形空间内流动,吸收电加热棒放出的热量,温度升高后流出加热器。

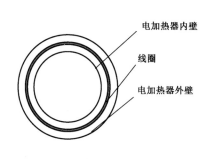

图2-17　电磁感应电加热器结构示意图

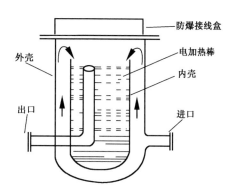

图2-18　电阻式电加热器结构示意图

二、电加热防腐保温管

1. 碳纤维电加热保温管

碳纤维电加热保温管(图2-6)简称电热管,由输送钢管、加热层和保温层三部分组成,基本结构是在钢管外壁包覆耐高温绝缘层后,均匀缠绕碳纤维电热线,再以硬质聚氨酯泡沫及聚乙烯黄夹克作为保温层。每根管(10~14m)为一发热单元,由接线盒将若干个发热单元串联构成了电热保温集输管线。根据用途不同,电热管分为升温型和维温型两种。电加热升温管道为一根高功率的电加热管,可代替井口电加热器,功率根据油井升温需要设计;电加热维温管道功率较低,用于弥补管道沿线散热损失,保证管内介质在基本恒定的温度下平稳流动。

2. 电热带保温管

电热带以金属电阻丝或专用碳纤维等发热体串联或并联,与电源线、绝缘材料结合一体而成。电热带保温管由钢管、加热层和保温层三部分组成。沿钢管外壁铺设电热带作为电热元件,与钢管外壁之间放置导热膜,外层包裹聚氨酯泡沫保温层和聚乙烯黄夹克。

电加热带保温管道分为串联型恒功率电热带和并联型自限温电热带两种(图2-19)。

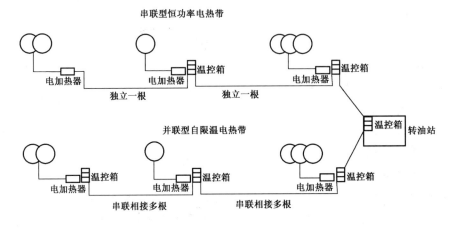

图2-19 电热带现场安装示意图

图2-20 串联型恒功率电热带示意图

1)串联型恒功率电热带

该种电热带(图2-20)工作电压为380V,单根长度可达20~5000m,根据现场需求不同可制作不同长度、不同功率的产品,根据管径不同,功率从15~30W/m不等。成品电热带保温管道需现场制作,即将裸管在施工现场连接好后,铺设导热膜、电热带,然后逐层包裹聚氨酯泡沫保温层和聚乙烯黄夹克。该型电热带恒功率运行,可通过温控装置控制其运行温度。

(1)优点:机械强度高,不易断;适应于油田内不同长度的单井集油管道,接头少,故障率低;每根电热带由起点供电,中间不需再增设供电点。

(2)缺点:电热带不具备自动调温功能,如温控装置故障,不及时发现,会出现干烧现象,易烧损设备;若出现故障,维修难度大、成本高,需将整根管道挖出,打开保温层,更换掉损坏电热带,重新逐层包裹聚氨酯泡沫保温层和聚乙烯黄夹克。

2)并联型自限温电热带

该种电热带(图2-21)采用PTC发热材料并联,与电源线、绝缘材料结合一体而成。发热材料由高分子物质构成,最高发热温度为85℃(高于85℃自动停止加热),工作电压为220V,功率为45W/m,单根长度100~150m,经济长度为100m,极限长度为150m,距离超过150m需由接线盒连接两根电热带,另需敷设埋地铠装电缆增加供电点。

成品电热带保温管道由钢管、预留穿线槽、保温层和外防护层组成,保温钢管在工厂内预制成型;伴热带现场穿入预留穿线槽(图2-22)中,实现可抽换伴热带。

图 2 - 21　并联型自限温电热带示意图

图 2 - 22　并联型自限温电热带保温管预制穿线槽

该型电热带可通过温控装置控制其运行温度,如温控装置损坏,则电热带加热至85℃后停止加热,待温度下降后继续加热。

(1)优点:机械强度高,不易断;接头相对较少,故障率低,维护量小;发热体自动调温,防止干烧现象;与串联型恒功率电热带相比,单根长度短,采用穿槽式铺设方式,如出现故障更换方便。

(2)缺点:距离超过150m情况下,需敷设埋地铠装电缆增设供电点,不能长距离使用;单位长度功率高于串联恒功率电热带,能耗高;穿槽式安装,电热带与管道有间隙,升温效果较串联恒功率电热带差。

三、定量掺水阀

近年来,为了降低工程投资、节省运行费用,单管环状掺水集油工艺平均单井掺水量下降了50%,目前,平均单井掺水量为0.3m³/h左右。在生产管理中发现,单井掺水量下降后难以控制,掺量不均匀,个别井掺量小,易造成井口回压超高、管线凝堵的问题,为此,在集油阀组间应用了定量掺水阀。

定量掺水阀是根据采油井的生产时间、日产量和含水量,经过专门测试而定向配置的阀门,直接按油井所需的掺水量进行准确掺水,可将掺水压力控制在1.2～2.0MPa,阀后压力控制在0.3～1.0MPa,流量变化率控制在±20%以内;当阀后压力不超过0.6MPa时,掺水流量变化率可控制在±10%以内。定量掺水阀工艺安装图如图2-23所示。

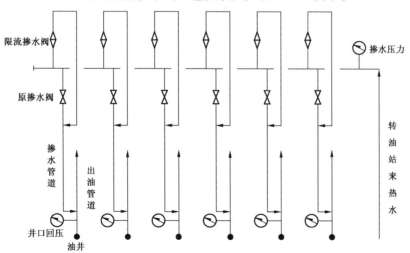

图 2 - 23　定量掺水阀工艺安装图

定量掺水阀采用自动调节方式,可以准确、合理地分配油井掺水量,有效降低总掺水量,进而减少掺水耗电量,操作简单。定量掺水阀技术已广泛应用于单管环状掺水集油流程中。

四、拉油一体化集成装置

拉油一体化集成装置是为了解决边远油井集油问题而应用的一种装置,其具有橇装式结构,搬运灵活,安装方便,便于生产管理。该装置适用于边远拉油井、试油井的油气生产,以及回压高的低产井的改造,节省了建设投资,简化了工艺流程,提高了系统效率,降低了能耗。

拉油一体化集成装置主要由罐体、液气计量装置、压力表、油气分离室、安全阀、加热装置、防盗装置、火管等组成。采用一体化橇装式结构,搬迁便利,具有油气水分离、沉降、加热、储存、计量、防盗等功能。

拉油一体化集成装置采用密闭式,直接与油井出油管线相连。油井产液经单井管线密闭进入拉油一体化集成装置(图2-24),依靠重力作用完成气液初分离;油井伴生气经捕雾净化引至燃烧器作为加热保温的燃料,剩余天然气放空燃烧;含水油进入沉降储存室,经升温后自压装车拉运;若油井产液含水率较高,该装置可以进行简单沉降、切除游离污水;计量机构直接反映出装置内液体吨位和产液量的变化,综合计量油井瞬时产量和累计产量;需要拉油时,靠装置内气体压能装车。

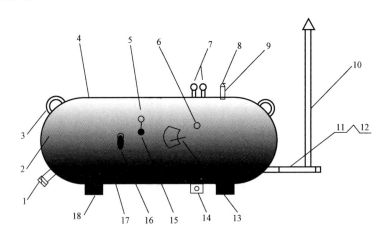

图2-24 拉油一体化集成装置(容积为40m³)结构示意图

1—人孔及电加热器;2—封头;3—吊环;4—罐体;5—压力表;6—进油口;7—安全阀;
8—油外装管线;9—装油管线保温桶;10—烟囱;11—燃烧器;12—天然气放空口;
13—直读式计量装置;14—燃料辅助加热器;15—放空阀;16—温度计;17—火管;18—鞍座

拉油一体化集成装置具备电加热和气加热两种加热功能,罐体内预留电加热棒安装槽,在油井伴生气量不充足时,可以安装电加热棒对罐内储液进行加热;如油井伴生气量充足,可通过气液分离,将集气装置收集的伴生气输至烧火间作为燃料,对罐内储液进行加热。出油管内口位于燃烧火管上方,以确保燃烧火管一直浸没在液面以下,防止发生干烧事故。

目前,拉油一体化集成装置在大庆外围油田应用较广泛,主要技术参数见表2-1。

表 2 - 1　拉油一体化集成装置技术参数

技术参数	数值	技术参数	数值
储罐容积(m^3)	20,30,40	最高工作温度(℃)	80
设计压力(MPa)	0.45	环境温度(℃)	-45~50
工作压力(MPa)	≤0.3	辅助加热装置(kW)	10,15

第三章　油气处理简化工艺技术

第一节　工艺布局

一、三级布站

三级布站是指由"单井—计量站—转油站—联合站"构成的布站形式(图3-1)。三级布站多应用于油井产量较高的整装开发油田,对单井计量、热洗要求较高,地面工艺可以实现单井固定式计量和固定热洗,降低管理强度。集油工艺多采用双管掺水或双管出油集油流程。计量站通过阀门切换,可以对各井进行轮换计量,一般管井8~30口,可满足在一个计量周期内完成每口井的计量要求。

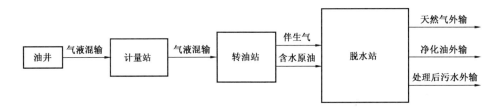

图3-1　三级布站集输流程

该布站方式地面设施多、功能全,计量精度高,但系统复杂,投资高。

大庆外围油田初期开发时,沿用了长垣老区应用较为成熟的三级布站模式,但由于外围油田储层差、油田产量低,三级布站投资高,造成油田建成后收益率偏低。为此,在外围油田的进一步开发过程中,加大了布局工艺的优化、简化,在满足集输要求的同时,进一步降低了地面建设投资。

二、二级半布站

二级半布站为"单井—集油阀组间—转油站—联合站"(图3-2),"半"是指应用无计量装置的集油阀组间取代计量站。与三级布站相比,取消了单井固定式计量和固定热洗,已普遍应用于集输半径较大、油井产量偏低的外围油田。集油工艺多采用单管环状掺水集油流程,井口计量一般采用软件量油等活动计量方式。由于简化了地面工艺,投资进一步降低,一般比三级布站降低建设投资20%左右,节约能耗20%左右。

二级半布站方式的特点是单井采用活动计量和热洗,简化了工艺流程,减少了地面固定设施的建设,对外围油田中后期井网的调整比较灵活,操作方便可靠,适用于产量较低、油田开发效益较差的油田。

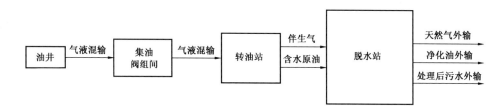

图 3 - 2　二级半布站集输流程

三、二级布站

二级布站为"油井—转油站—联合站"构成的布站形式。根据油气输送的形式,可以分为二级布站的油气分输流程和二级布站的油气混输流程。

1. 二级布站的油气分输流程

将油井串联成集油环后直接进入转油站的进站阀组,对于分布在转油站附近的油井,在转油站外不建集油阀组间,与其他集油阀组间回液汇合后统一进站处理(图 3 -3)。该布站方式一般采用单管环状掺水集油流程,经常与二级半布局方式相结合使用。

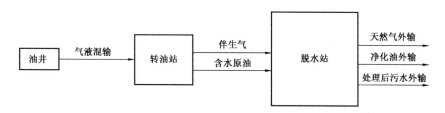

图 3 - 3　二级布站油气分输流程

转油站内设油、气、水分离设备,含水原油升温后输至联合站;伴生气用于站内自耗或单独输至联合站干燥处理;含油污水升温、升压后回掺至单井。

2. 二级布站油气混输流程

对于油井分布较为集中,油田伴生气缺乏,且集油距离远,需要中间增压接转的区块,一般采用二级布站油气混输流程(图 3 -4)。

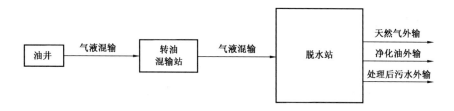

图 3 - 4　二级布站油气混输流程

油井通常采用电加热集油工艺,油气混合物自压至转油混输站后,由站内的混输泵增压,加热炉升温后,将油气混合物由一条管道混输至联合站进一步处理。

该流程适用于建成产能低、开发效益较差,尤其适用于本身伴生气量较少,又无外供气源的油田。与油气分输流程相比,减少了站内放水回掺设备及处理规模,同时减少了输气管道的建设,简化了地面工艺,降低了建设投资,减少了管理工作量,具有工艺简单、能耗低的特点。

四、一级半布站

一级半布站为"单井—集油阀组间—联合站"的布站方式(图3-5),是由二级布站方式简化而来,即取消转油站这一转输增压环节。

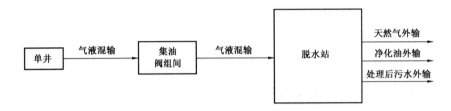

图3-5 一级半布站集输流程

该工艺适用于油井分布比较集中、集油距离短、不需要中间增压接转的区块,油井产出的气液混合物依靠地层能量,自压进联合站。集油工艺以单管环状掺水或电加热集油工艺为主,采用单井软件计量、活动热洗方式。

特点:取消了转油站这一中间环节,集油工艺进一步简化,地面建设投资进一步降低。

上述4种布站方式,对于油田面积大、油井数量多,或是由多区块组成的油田,常常同时存在两种或两种以上的布站方式。

近年来,大庆外围油田在三级、二级半布站模式的基础上,部分区块积极应用了二级布站和一级半布站模式,联合站及转油站的管辖井数有所增加,从而减少了新建站的数量。油井集中地区新建转油站管井数平均在200口井以上,比常规转油站管辖井数增加了一倍以上,集油半径由常规的5km增大到10km。例如,在敖南油田的开发过程中,敖南中部地区1100口油井,仅建设转油站4座,与常规布站方式相比,减少了7座转油站,节省建设投资约3300万元,取得了显著的经济效益。

第二节 处理流程

一、油气分离工艺

油气分离工艺是指为满足油气井产品计量、矿场加工、储存和输送的需要,而将井口的气液混合物进行气液两相或油气水三相分离的过程。油气分离一般要达到从气体中带出的液体不超过$50mg/m^3$,并要将直径大于$10\mu m$的油滴从气体中除去。大庆外围油田一般采用两相或三相油气分离工艺,常用"三合一"、"四合一"、"分离缓冲罐"等多功能组合装置进行油气分离,以满足油田生产需要。

1. 两相分离工艺

两相分离是将已形成的气液混合物分离为单一相态的过程,通常在分离器中进行,它是油气田用得最多、最重要的设备之一。主要分为卧式和立式两种类型。

1) 卧式两相分离器

进入分离器的流体经入口分流器时,油、气流向和流速突然改变,使油、气初步分离,分离后的原油在重力作用下流入分离器的集液区(图3-6)。集液区需要有一定的体积,以便被原油携带的气泡有足够的空间上升至液面并进入气相。同时集液区也提供缓冲容积,均衡进出分离器流量的波动。集液区原油流经分离器全长后,经由液面控制器控制的出油阀流出分离器。为获得最大气液界面面积和良好的气液分离效果,常将气液界面控制在1/2倍容器直径处。

来自入口分流器的气体通过液面上方的重力沉降区,被气流携带的油滴在该区靠重力沉降至集液区。未沉降至液面的、粒径更小的油滴随气体流经捕雾器,在捕雾器内聚结、合并成大油滴,在重力作用下流入集液区。脱除油滴的气体经压力控制阀流入集气管线。

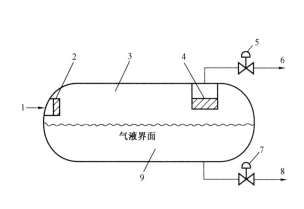

图 3-6 卧式两相分离器原理图
1—油气混合物入口;2—入口分流器;3—重力沉降区;
4—捕雾器;5—压力控制阀;6—气体出口;7—液位控制阀;
8—油出口;9—集液区

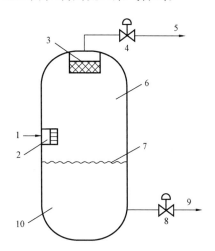

图 3-7 立式两相分离器原理图
1—油气混合物入口;2—入口分流器;3—捕雾器;
4—压力控制阀;5—气体出口;6—重力沉降区;
7—气液界面;8—液位控制阀;9—油出口;10—集液区

2) 立式两相分离器

立式分离器的工作原理(图3-7)和卧式相同,但分离器内气体携带油滴的沉降方向与气流相反,液体内夹带气泡的上浮方向和液体的流动方向相反。

3) 卧式两相分离器与立式两相分离器对比

对于普通油气分离,特别是可能存在乳状液、泡沫或用于高气油比油气混合物时,卧式分离器较经济,但液面控制比较困难,不宜清洗沙子、钻井液等杂质;立式分离器便于控制液面,易于清洗泥沙、钻井液等杂质,缺点是处理气量较卧式的少。

2. 三相分离工艺

三相分离是将已形成的气液混合物分离为油、气、水三相的过程。该设备的主要功能是气液分离、游离水脱除。

三相分离器也有立式和卧式之分,各自的优缺点、适用场合与气液两相分离器相同。

1）卧式三相分离器（图 3-8）

油气水混合物进入分离器后，入口分流器将混合物初步分成气液两相，液相引至油水界面以下进入集液区。在该区内，依靠油水密度差使油水分层，底部为分出的水层，上部为原油和含有分散水珠的原油乳状液层。油和乳状液从堰板上方流至油室，经由液位控制的出油阀排出，水从堰板上游的出水阀排出，由油水界面控制排水阀开度，使界面保持一定高度。分流器分出的气体通过重力沉降区，经除雾后流出分离器。分离器压力由安装在气体管线上的控制阀控制。分离器的液位依据气液分离需要可设为 $0.5D$❶~$0.75D$，常采用 $0.5D$。

2）立式三相分离器（图 3-9）

设在油水界面下方的配液管使油水混合物在容器整个截面上分布均匀。自配液管流出的油水混合物在水层内经过水洗，使部分游离水合并在水层内。原油向上流动过程中，原油内携带的水珠向下沉降；水向下流动时，水内油滴向上浮升，使油水分层。原油内释放的气泡上浮至上方的气体空间，该空间有平衡管与入口分流器分出的气体汇合，经除雾后流出分离器。

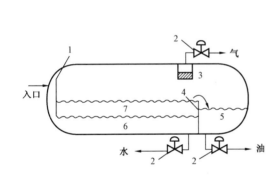

图 3-8 卧式三相分离器原理图

1—分流器；2—控制阀；3—捕雾器；
4—堰板；5—油室；6—水；7—油和乳状液

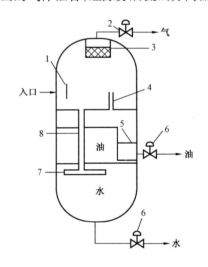

图 3-9 立式三相分离器原理图

1—分流器；2—压力控制阀；3—捕雾器；4—平衡管；
5—堰板；6—液位控制阀；7—配液管；8—降液管

3. 组合装置油气分离工艺

1）分离缓冲游离水脱除"三合一"工艺

（1）工艺原理。

该工艺的核心设备是"三合一"，"三合一"即将分离、缓冲、游离水脱除三种功能合一的设备，多用在转油站。计量站或集油阀组间来的气液混合物进入"三合一"后，分离出的湿气经除油（干燥）器净化后外输或作为本站燃料；分离出的一部分低含油污水进入加热缓冲"二合

---

❶ D 表示分离器内径。

一"装置升温,然后经掺水泵升压输送至各计量站或集油阀组间供单井掺水或热洗;脱除这部分回掺水后的油水混合物缓冲后由输油泵输送至脱水站做进一步处理。"三合一"组合装置工艺流程如图 3 - 10 所示。

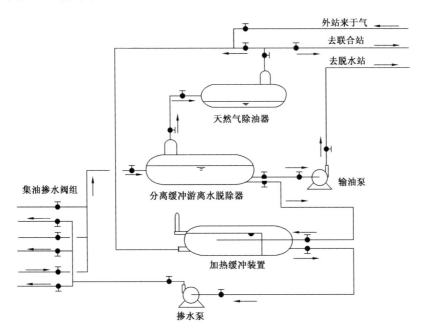

图 3 - 10　"三合一"组合装置流程示意图

主要设备:"三合一"组合装置、加热炉、掺水泵、输油泵、天然气除油器等。

(2)适用范围。

该工艺适用于油井产量较高、含水率高(一般不小于 30%)的油田,大庆外围油田建设初期应用数量较多,后期逐渐被工艺更为简化的"四合一"组合装置所取代。

2)分离、缓冲、沉降、加热"四合一"工艺

(1)工艺原理。

"四合一"组合装置是将分离、缓冲、沉降、加热四种功能合一的设备,多用在转油站。集油阀组间(或井口)来的气液混合物进入"四合一"后,分离出的湿气经除油(干燥)器净化后外输或作为本站燃料;气液分离后的油水混合物在沉降的过程中加热,沉降下来的回掺水缓冲后,由掺水泵加压输送至各集油间(或单井)供单井掺水。沉降下来的油井产液缓冲后由输油泵输送至脱水站进一步处理。"四合一"内的掺水及外输加热能力可以设置为不同。当掺水负荷过大时,亦可以单独设掺水炉,经"四合一"初步加热后的回掺水,再次在掺水炉中升温至所需温度后再回掺至井口。"四合一"组合装置工艺流程如图 3 - 11 所示。

主要设备:"四合一"组合装置、掺水泵、输油泵、天然气除油器等。

(2)适用范围。

与"三合一"工艺相比,"四合一"组合装置工艺更为简化,具有设备少、占地面积小、操作

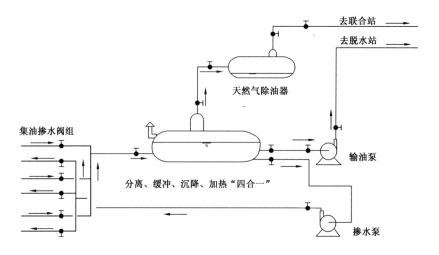

图 3 - 11   "四合一"组合装置流程示意图

点少、投资低的特点,但该装置单台处理量较小,比较适用于油区相对独立、距已建脱水站较远、产量小、处理规模小的建设区块。另外,经"四合一"沉降后的原油含水率可以达到 10% 以下,特别适合初期原油含水率较低,"三合一"无法将回掺水完全脱除,需要另外补充回掺水的区块。目前,大庆外围油田已经普遍采用该种流程。

3)油气预分离混输工艺

(1)工艺原理。

油气预分离混输工艺(图 3 - 12)是为保证本站加热装置用气需要,将本区块油井气液产物在分离缓冲装置进行初步气液分离,分离出的部分伴生气供站内生产和生活用气,剩余的伴生气及含水油混合物经过混输泵增压、外输炉升温后由一条管道输送至脱水站处理。

主要设备:分离缓冲罐、混输泵、加热炉等。

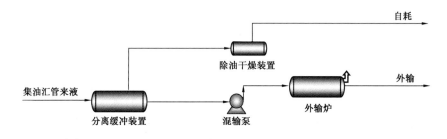

图 3 - 12   油气预分离混输流程示意图

(2)适用范围。

油气预分离混输工艺适用于油气比高,除满足生产生活用气外伴生气有剩余,距离已建脱水站场较远,集油半径较长,无法自压进站的油田。近年来在新投入开发建设的一些偏远低渗透区块中采用了该流程,如永 6、英 51 和敖南一等混输泵站。

二、原油脱水工艺

原油脱水包括脱除原油中的游离水和乳化水。在常温下用静止沉降法短时间内就能从油中分离出来的水称为游离水;很难用沉降法从油中分离出来的水称为乳化水,它与原油的混合物形成油水乳状液。脱除乳化水比游离水难得多,因而多年来始终把油包水型乳状液的油水分离作为研究的重点。各种常见脱水方法的共同特点是,创造良好条件使油水依靠密度差和所受重力不同而分层。原油脱水前,应尽可能脱除原油内析出的溶解气,以减少气泡上浮以及吸附水滴从而对水滴的合并、沉降造成的干扰,提高脱水质量。除重力沉降外,乳化水一般需采取特殊的处理技术才能脱除。原油脱水的常用方法有重力沉降脱水、化学破乳脱水、电脱水、加热脱水和离心脱水等。

(1)重力沉降脱水:利用油水的密度差,将油气水混合物引入容器,为混合物提供停留时间,依靠油水的密度差,应用重力沉降原理进行油水分离。

(2)化学破乳脱水:利用化学药剂具有的高效能表面活性作用、将油包水型乳状液转换为水包油型乳状液的反相作用、"润湿"和"渗透"作用以及反离子作用,使乳化状态的油水界面膜遭到破坏,降低油水混合物黏度,加速油水分离。

(3)电脱水:将油包水型乳状液置于高强度的交/直流电场中,由于电场对水滴所产生的聚并、偶极和电泳等作用,使水滴发生变形和产生静电力,削弱乳化膜的机械强度、增加水滴动能,促进水滴的碰撞、聚结,使水滴合并从油中沉降下来。电脱水常作为原油乳状液脱水工艺的最后环节,在大庆油田广泛应用。

(4)加热脱水:原油在脱水过程中加热,能够削弱油水界面的薄膜强度,增加油水的密度差,减少原油的黏度,从而加快了水滴在原油中的沉降速度。

(5)离心脱水:利用油水密度差,以离心力代替重力沉降,以便提高油水分离速度和分离效果,从而达到油水快速分离的目的。该方法对于相对密度大于 0.9 以上的原油适应性较差。

每种脱水工艺都有其自身的特点和适用条件,应根据油水性质、含水率、天然乳化液类型、乳状液分散度和稳定性等进行试验,从而优化确定适合的脱水工艺。在大庆外围油田生产实践中,常用的是重力沉降脱水、加热脱水及电化学脱水等几种脱水方式联合应用的综合原油脱水处理工艺。

1. 热化学脱水

热化学脱水设备是实现热化学脱水工艺的关键设备,一般具有加热、加药、沉降等功能,在实际应用中可用加热炉 + 高效三相分离器流程(图 3 – 13),或直接用带加热功能的高效三相分离器流程(图 3 – 14)来完成。前一流程适用于处理含气少或需要加热升温负荷较大的油井来液,后一流程同时具有脱气、加热功能,适用范围更广,可直接处理油井来液。目前,高效三相分离器装置在大庆外围油田的敖包塔联、葡一联、龙一联等站上应用。高效三相分离器热化学脱水工艺的核心技术是药剂选择及药剂的用量,通常情况下加药量较大,为 50 ~ 80mg/L,加热温度高,一般为 60 ~ 65℃,是对全部进站液量加热。设备高度集成化,多功能融为一体,处理量大,省去了外输加热炉、掺水加热炉以及油水缓冲罐等设备,可大幅度节约投资。

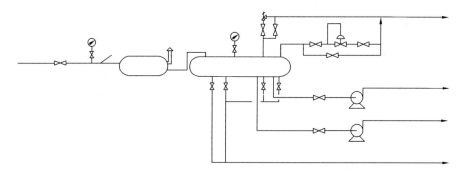

图 3 - 13　加热炉 + 高效三相分离脱水工艺流程

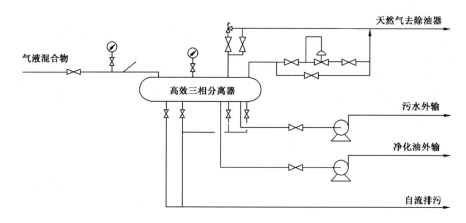

图 3 - 14　带加热功能的高效三相分离器脱水工艺流程

工艺流程:集油阀组间或转油站来液经加热炉升温后进入高效三相分离器(含净化油缓冲段),处理后的净化油经升压后外输。脱出的含油污水经污水泵增压后回掺或外输至污水处理站。分离出的油田伴生气经除油、干燥后自耗或外输。

主要设备:高效三相分离器、输油泵、污水泵、除油器、加热炉等。

2. 电化学脱水

1)两段电化学脱水工艺

20 世纪 80 年代后期,为了简化工艺,大庆外围油田借鉴采用了喇萨杏油田老区的两段脱水简化工艺。这种工艺取消了三段脱水工艺中的沉降段、一段加热炉及脱水泵,在游离水脱除器中将大量的游离水脱除后再加热,加热液量仅为进站总量的 15% 左右,进一步降低了工程投资及运行能耗。

脱水的第一阶段主要是通过化学药剂和重力沉降的联合作用脱除游离水,第二阶段是通过化学药剂和电场的联合作用使原油含水率及污水含油率达标。

工艺流程:转油站来液在游离水脱除器内脱除游离水,油中含水率降至 20% ~30% 的原油乳状液经脱水炉升温至 45 ~55℃后,进入电脱水器进行再次脱水,脱水后的净化油经缓冲罐缓冲、输油泵升压、计量后外输(图 3 - 15)。游离水脱除器及电脱水器脱除的含油污水进污水沉降罐沉降后外输至污水处理站。脱水过程中需添加破乳剂,破乳剂的加药点一般设在游离水脱除器的进口管道和脱水加热炉的进口管道。

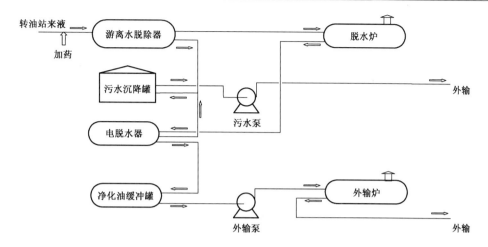

图 3-15 两段电化学原油脱水工艺流程示意图

主要设备:游离水脱除器、电脱水器、污水沉降罐、净化油缓冲罐、脱水炉、外输炉等。

2)"五合一"脱水工艺

为了适应外围低产、独立偏远小区块的地面建设,进一步降低原油集输处理系统投资,大庆外围油田研制并应用了"五合一"组合装置。该装置集气液分离、游离水沉降脱除、原油加热、电脱水、油水缓冲五项功能于一体,可替代常规工艺中的三相分离器、游离水脱除器、脱水加热炉、电脱水器、掺水炉及缓冲罐等设备,与常规工艺相比,占地面积减少了 50% 以上,建筑面积减少了 40%,节省投资 38%,大幅度简化了原油脱水工艺,缩短了原油处理流程,方便了生产管理,有效地提高了大庆外围油田低产、零散区块的开发效益。

工艺流程:由转油站及集油阀组间来的气液混合物,经过汇管进入气液分离、加热、沉降、电脱水、缓冲"五合一"装置内,实现气液分离、游离水脱除、加热及电脱水(图 3-16)。脱水

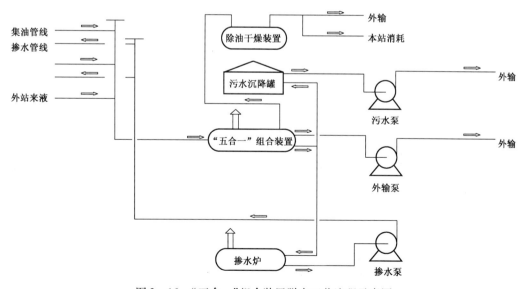

图 3-16 "五合一"组合装置脱水工艺流程示意图

后的净化油经输油泵升压后外输;脱除的含油污水一部分进入加热缓冲装置加热、经掺水泵升压后输至掺水分配阀组;另一部分含油污水经污水泵升压后输送至污水处理站。

主要设备:"五合一"组合装置、掺水加热炉、污水沉降罐、输油泵、掺水泵等。

第三节　高效设备及装置

一、"三合一"组合装置

1. 设备结构

分离、缓冲、游离水脱除"三合一"组合装置,由折流碗、拉泡板、消泡孔板、进液管、分气包、出水管、出油管、隔板、加热盘管、填料及筒体等组成,如图 3 - 17 所示。

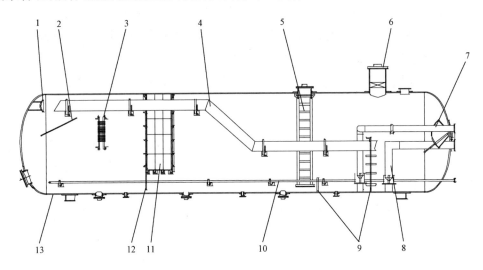

图 3 - 17　"三合一"组合装置内部结构示意图
1—折流碗;2—拉泡板;3—消泡孔板;4—进液管;5—梯子;6—分气包;7—出水管;
8—出油管;9—隔板;10—加热盘管;11—填料;12—隔板;13—筒体

2. 工作原理

油气水混合物进入分离缓冲游离水脱除器"三合一"组合装置后,液体和气体分开,气体流经捕雾器再分离一次后从出气口排至天然气管线。液体向下流,进入"三合一"组合装置的集液部分,使游离水沉降,形成水层,通过出水管排出。水层上部的含水原油层,由隔板溢流到集油腔,由出油管排出。

3. 设计参数

(1)工作压力 0.15~0.25MPa。

(2)分离缓冲游离水脱除器不设整台备用,但一般应不少于两台。当一台检修或因故停运时,其余容器的负荷不大于设计处理能力的 120%。

(3)安全阀开启压力 0.44MPa。

4. 操作要点

（1）含水油液位保持在 1/3 ~ 2/3 的容器内径之间，液位平稳，保证油、气、水分离效果。

（2）多台设备并联运行时，要保证每台设备处理量均衡。

二、游离水脱除器

1. 设备结构

游离水脱除器主要由隔板、进液管、填料、消泡孔板、拉泡板、折流碗、筒体、加热盘管、出水管、出油管组成，如图 3 - 18 所示。

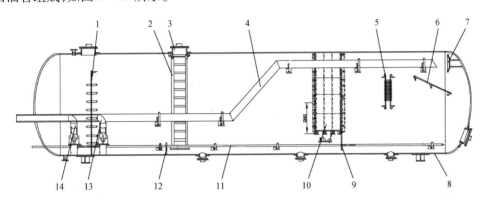

图 3 - 18　游离水脱除器内部结构示意图

1—隔板；2—梯子；3—人孔；4—进液管；5—消泡孔板；6—拉泡板；7—折流碗；
8—筒体；9—隔板；10—填料；11—加热盘管；12—隔板；13—出水管；14—出油管

2. 工作原理

加药后的高含水原油由进液管进入容器，油、气、水迅速分离成三相，气体经出气口逸出；油、水经初步分离后，再经填料碰撞聚结，使油水进一步分离。细小分散的游离水从油中逐渐下沉到油水界面以下，水中浮油向上升到界面以上，在油水界面处进行油水交换；脱除游离水后的原油溢流到集油槽中，从出油管排出；污水从出水口排出。油水界面处设有信号发生器，可随时检测油水界面位置，并自动调节放水阀的开启度。还设有油水界面仪，便于直接观察，气出口设有自动调节阀，以保持罐内压力稳定。

3. 设计参数

（1）游离水脱除后的原油进入电脱水器时，其含水率应不大于30%。

（2）游离水脱除器不设备用，但一般应不少于两台。当一台检修或因故停运时，其余容器的负荷不大于设计处理能力的120%。

（3）脱除的水驱污水含油量不应大于 1000mg/L。

（4）设计压力 0.3 ~ 0.4MPa。

（5）设计温度 35 ~ 60℃。

4. 操作要点

（1）游离水脱除器的油水界面控制在 2/3 内径处。

（2）操作压力 0.3～0.4MPa。

（3）正常运行做到"三勤"，即勤检查、勤调整、勤分析；"五平稳"，即排量平稳、压力平稳、温度平稳、油水界面平稳、加药平稳。

三、交直流复合电脱水器

1. 设备结构

交直流复合电脱水器主要由进出油管、出水管、四层电极板、测水电极、绝缘挂板、脱水变压器等组成，如图 3-19 所示。

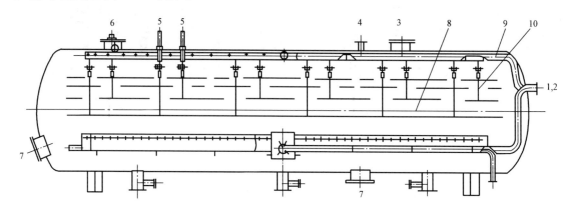

图 3-19 电脱水器结构示意图

1—进油口；2—出油口；3—透光口；4—放气口；5—绝缘棒；6—浮球液位控制器；7—人孔
8—电极板；9—出油管；10—绝缘挂板

2. 工作原理

交直流复合电脱水器是指在一个容器内，同时加入交直流双重电场的原油脱水装置。含水率低于 30% 的原油进入复合电脱水器中，油包水型乳状液借助高压电场的作用，使水微滴聚结成大滴，再借助油水密度差作用自然沉降到油水界面以下，由出水口排出。含水率小于 0.3% 的净化油上升到脱水器顶部，由收油管线排出。

3. 设计参数

（1）脱水站含水原油进站压力，对于泵输流程要求不小于 0.40MPa，对于压油流程要求为 0.20～0.25MPa。

（2）脱水温度根据不同原油特性控制在 45～55℃。

（3）平挂或组合电极电脱水器入口的原油含水率应不大于 30%。净化原油含水率应不大于 0.3%。脱后的水驱污水含油量不应大于 1000mg/L。

（4）电脱水操作温度应根据原油的黏温特性确定，宜使原油的运动黏度在低于 50mm²/s 的条件下进行脱水。

（5）确定电脱水操作压力时，其压力应比操作温度下的原油饱和蒸气压高 0.15MPa。

4. 操作要点

（1）合理控制进入电脱水器含水原油的含水率。

（2）合理控制电脱水器的油水界面,使脱水器内污水在中层水位或控制在进油喷头以上 50～100mm。

（3）脱水器正常运行做到"三勤",即勤检查、勤调整、勤分析;"五平稳",即排量平稳、压力平稳、温度平稳、水位平稳、加药平稳。

（4）电脱水器正常工作时出口压力控制在0.2～0.28MPa,最高操作压力小于0.3MPa。

（5）出口压力波动误差小于0.01MPa;压力小于0.1MPa 不得送电;安全阀定压0.4MPa,压力为0.35MPa 时报警。

四、除油器

1. 设备结构

除油器主要由壳体、进出气管、校直板、捕雾丝网、填料、挡板、除沫器、出油管、安全阀、人孔及排污口等组成,如图3-20、图3-21 所示。

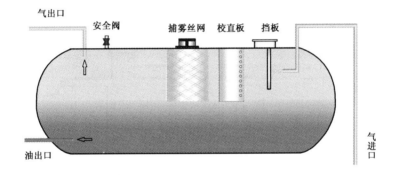

图3-20　不带伴热功能的除油器内部结构示意图

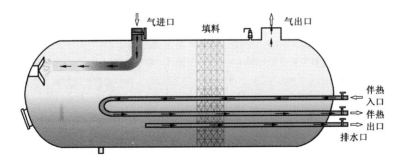

图3-21　带伴热功能的除油器内部结构示意图

2. 工作原理

天然气通过进气管线进入除油器,喷在挡板上,折射返回光滑弓形封头上,再返回校直板,使得杂乱无章气体变为层流状态,又经捕雾丝网除液后,再由出气管排出。挡板、校直板表面具有一定的吸附液滴作用,捕雾丝网可捕捉 $10\mu m$ 以上直径的液滴,吸附在板上的污油和杂质沉降到容器底部,由出油口排入油管线中,定期由收油泵回收。除油后的天然气通过出气管线进入下一步工艺。

3. 设计参数

设计压力 $0.2 \sim 0.4 MPa$,设计温度 $0 \sim 80℃$,工作压力 $0.05 \sim 0.25 MPa$。

4. 操作要点

(1)合理控制天然气除油器压力。

(2)冬季停运时,天然气放空伴热水需持续运行,保证放空阀畅通。

(3)定期回收污油,不得外排。

五、高效三相分离器

1. 设备结构

大庆外围油田应用的高效三相分离器主要用于热化学脱水。其主要由分气包、分离沉降段、水洗室、水室、油室及加热段等部分组成,如图 3 – 22 所示。

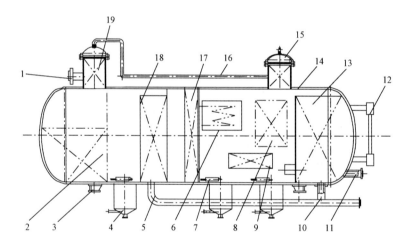

图 3 – 22　高效三相分离器内部结构示意图

1—混合物进口;2—流型调整装置;3—支座;4—沉清砂装置;5—游离水出口;6—加热装置;7—吸排砂装置;8—整流装置;9—污水抑制元件;10—脱出乳化水出口;11—净化油出口;12—磁翻柱液位调节器;13—油水分离室;14—筒体;15—二级捕雾器;16—气连通管线;17—聚结装置;18—油水预分离室;19—一级捕雾器

2. 工作原理

油气水混合物由入口进入三相分离器,在一级捕雾器内通过离心力的作用使气液分离,分离后的气体经过气连通管线进行二次除雾后,流出设备进入天然气系统。经过气液预分离后的液体流进设备,通过液体流型自动调整装置,对流型进行整理,在流型整理的过程中,作为分散相的油滴在此进行破乳、聚结,而后随油水混合物进入油水预分离场,在此脱出大部分游离水后,进入下游细分离流场,脱出的游离水进入污水管线;在细分离流场中设置有加热、稳流和聚结装置,加热装置为原油乳状液提供热源,稳流和聚结装置为油水液滴提供稳定的流场条件,实现油水的高效聚结分离。分离后的原油通过隔板流入油腔,分离后的污水通过导管进入水腔,通过出口进入污水管线;在分离器的尾部设有油水液面自动控制与调节的调节器,分离后的油水经液位调节器调节后排出处理器,从而完成油水分离过程。

3. 设计参数

进油温度不低于35℃,操作压力0.15～0.25MPa,操作温度65～75℃,设计温度不大于90℃,设计压力0.5MPa(表),安全阀定压0.4MPa(表)。

4. 操作要点

在运行过程中需要平稳控制油水界面,以避免水位过高时油出口走水,或水位过低时水出口走油。

六、加热装置

大庆外围油田应用的加热装置主要用于掺水加热和外输加热,根据应用的类型,可划分为真空加热炉、微正压炉和加热缓冲"二合一"装置。

1. 真空加热炉

1)设备结构

该设备主要由壳体、燃烧器、火管、烟管、烟箱、烟囱、介质盘管及真空阀(或爆破片)等组成,如图3-23所示。

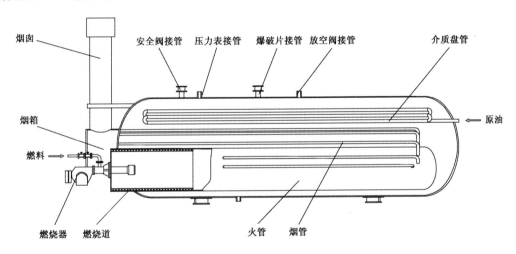

图3-23　真空加热炉内部结构示意图

2)工作原理

燃料和空气经燃烧器合理匹配、点火进入火管燃烧,燃料的化学能被转换成热能,燃烧产物和过剩助燃空气被加热成高温烟气,高温烟气在烟火管内流动过程中把热量通过管壁传递给位于加热炉壳体内液相空间的热媒(通常为水,热媒的正常工作压力低于当地大气压,具有一定真空度),热媒被加热到工作真空度下的汽化温度进一步吸收热量会汽化成蒸汽进入壳体内气相空间,热媒蒸汽与换热盘管接触把热量通过管壁传递给管内流动的工质,从而工质被加热升温,同时热媒蒸汽被冷凝成液相受重力作用回落至液相空间,再被加热成蒸汽在壳体内往复循环,从而实现加热功能。

3)设计参数

(1)额定工作压力: -0.02MPa, -0.01MPa 和 0MPa。

(2)额定热功率:0.29MW,0.35MW,0.58MW 和 1.0MW,或根据工艺要求而定。

(3)工质额定入口压力:0.6MPa,1.0MPa,1.6MPa,2.5MPa 和 6.3MPa,或根据工艺要求而定。

(4)工质额定出口温度:40~90℃。

(5)设计热效率:85%。

4)操作要点

(1)严格按照掺水、热洗要求控制真空加热炉工质温度。

(2)定期巡检,保证加热炉水位、温度、压力等参数正常,自动控制系统灵敏可靠,定期对水位计和气管线排污。

(3)加热炉运行一段时间后,出现换热效果下降的情况,应重新进行排气,保持真空度。

2. 微正压加热缓冲装置

油田加热炉采用的燃烧方式多为负压燃烧,烟囱高、烟管出口烟温高,加热炉热效率低。此外,燃烧强度和换热强度均较低,为了保证热功率,烟火管表面积必须足够大,导致加热炉耗钢量高、造价高;同时,由于火管内负压,为了保障烟气流动通畅,采用粗烟管结构,炉体粗,耗钢量高,造价高。而微正压加热缓冲装置采用微正压燃烧方式,具有高效节能、耗钢量低、造价低、自动控制水平高、安全可靠等优势。

1)设备结构

微正压加热缓冲装置主要由壳体、燃烧器、火管、烟管、烟箱、烟囱、隔板、进液分配管、出液管、压力安全阀等组成(图3-24)。该设备的壳体是带有椭圆形封头的卧式容器,采用斜锥壳结构。壳体内有一块垂直安装的隔板,把装置分成加热段和缓冲段。加热段内有火管和细烟管,缓冲段内有出液管、调节阀和液面计等。

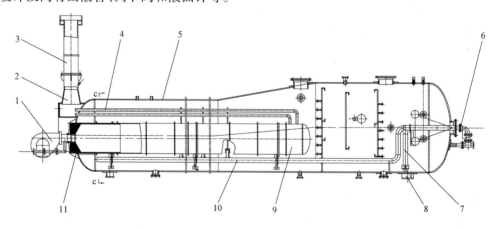

图 3 - 24　微正压加热缓冲装置内部结构示意图

1—燃烧器;2—烟箱;3—烟囱;4—烟管;5—壳体;6—调节阀;7—出液管;8—鞍座;9—火管;10—进液分配管;11—燃烧道

2）工作原理

原油或含油污水工质经调节阀、进液分配管进到加热段的烟火管底部，在流经烟火管时被加热，温度升高，然后溢过隔板流入缓冲段，最后通过出液管流出。燃料（天然气）经压力调节阀稳定压力后，再通过电磁阀、燃料调节阀进入微正压燃烧器火嘴；空气从燃烧器的进风口进入风机加压，然后通过风管道、调风器进入蜗壳式通道形成高速旋转前进的空气流，在火嘴内与径向喷射的天然气强烈混合后进入火管燃烧；燃烧产生的高温烟气通过烟火管壁面把热量传递给被加热工质，最后通过烟囱排入大气。

3）设计参数

（1）额定工作压力不大于 0.6MPa。

（2）额定热功率：0.29MW，0.35MW，0.58MW，1.0MW，1.5MW，1.74MW，2.0MW，2.33MW 和 2.5MW，或根据工艺要求而定。

（3）工质额定出口温度 40～90℃。

（4）设计热效率85%。

4）操作要点

（1）严格按照掺水、热洗要求控制微正压加热缓冲装置工质温度。

（2）对微正压加热缓冲装置进行定期清淤排污，减少泥沙在炉内存在和结垢的概率。污油定期回收，不得外排。

（3）使用过程中不得超温、超压运行，严禁频繁突然升温或降温。

（4）应定时、定点、定线进行巡回检查。

3. 加热缓冲"二合一"装置

加热缓冲"二合一"装置在集输系统中位于泵前，集加热、缓冲功能合一，加热介质通常为原油或含油污水，节省了缓冲设备，既简化工艺流程又节约投资。

1）设备结构

加热缓冲"二合一"装置主要由壳体、燃烧器、火管、烟管、烟箱、烟囱、隔板、进液分配管、出液管、压力安全阀等组成（图3－25）。装置的壳体是带有椭圆形封头的卧式容器，壳体内有一块垂直安装的隔板，把装置分成加热段和缓冲段。加热段内有火管和烟管，缓冲段内有出液管、调节阀和液位计等。

2）工作原理

天然气和空气通过燃烧器进入火管并在其内部燃烧，燃烧产生的高温烟气在火管和烟管内流动，并把热量通过管壁传递给管外的被加热介质后经烟囱排入大气；被加热介质在加热段被加热后，通过隔板上部空间进入缓冲段缓冲后通过出液管流出。在集输工艺中，如果不需要缓冲功能，该设备还可以去掉缓冲段，变成火筒炉，只实现加热功能。

3）设计参数

（1）额定工作压力：≤0.6MPa。

（2）额定热功率：0.29MW，0.58MW，1.0MW，1.5MW，2.0MW 和 2.5MW，或根据工艺要求而定。

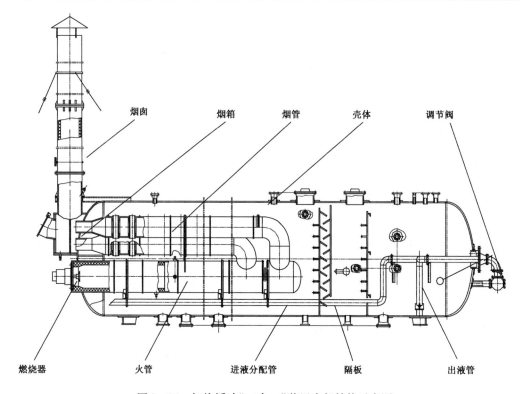

图 3 – 25　加热缓冲"二合一"装置内部结构示意图

（3）工质额定出口温度:40～90℃。

（4）设计热效率:正压燃烧时,设计热效率85%;负压燃烧、热负荷不小于0.63MW时,设计热效率85%;负压燃烧、热负荷小于0.63MW时,设计热效率80%。

4）操作要点

（1）严格按照掺水、热洗要求控制加热缓冲"二合一"装置介质温度。

（2）对加热缓冲"二合一"装置进行定期清淤排污,减少泥沙在炉内存在和结垢的概率。污油定期回收,不得外排。

（3）使用过程中不得超温、超压运行,严禁频繁突然升温或降温。

（4）应定时、定点、定线进行巡回检查。

七、"四合一"组合装置

1. 设备结构

分离、沉降、缓冲、加热"四合一"组合装置,主要由壳体、火管、烟管、烟箱、烟囱、气液分离筒、捕雾器、天然气连通管、进油分配管、隔板、进油管、出油管及各种接管等组成,如图3 – 26所示。

2. 工作原理

气液混合物从进液管进入气液分离筒,油气进行一级分离;被分离出的天然气通过天然气连通管进入壳体,从左向右流动,在此过程中气液进行二次分离,液滴在重力作用下与天然气分离向下沉降;天然气继续流向右侧,流经捕雾器进行第三次气液分离后,由天然气出口管排

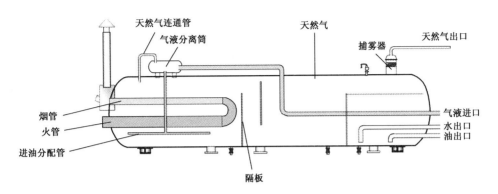

图 3 – 26　"四合一"组合装置内部结构示意图

至天然气管线。在气液分离筒被分离出来的油水混合液,通过进油分配管进到壳体底部,均匀地从管内流出,绕流火管和烟管,吸热升温后通过隔板上部空间进入沉降缓冲段。从加热段到沉降段的油水混合液由于油水密度不同,经过一段时间停留后,其中大部分游离水在重力作用下与原油分离沉降到壳体底部。在沉降段形成油水界面,水从隔板底部进入水室,缓冲后从出水口放出;油经隔板上部进入油室,缓冲后从油口放出。

3. 设计参数

(1)操作压力 0.15 ~ 0.25MPa。

(2)掺水及外输系统温度:掺水出站温度应按优选方案确定,但不应高于70℃;外输温度根据输送液量、输送距离、输油管径及终点进站温度等条件确定。

(3)"四合一"常用规格有 $\phi3m \times 16m$、$\phi3.6m \times 16m$、$\phi4m \times 16m$、$\phi4m \times 18m$、$\phi4.0m \times 20m$,设备的加热能力根据具体需要配备。按照加热能力及设备型号的不同,单台设备的处理液量可以达到 1500 ~ 2400t/d。

4. 操作要点

(1)控制好容器的压力和液面,防止抽空。

(2)控制好出口温度,防止汽化。

(3)加强烧火间检查,防止出现燃料泄漏引起火灾。

八、"五合一"组合装置

1. 设备结构

气液分离、沉降、加热、电脱水、缓冲"五合一"组合装置,由前部加热段、中部电脱段及后部油水缓冲段组成,上部设有分气包。烟管内设置翅片管,以便增加烟气扰动、增强传热;电脱水段设有四层电极,二层电极为正极,一、三层电极为负极,四层电极为交流,脱水电压为交直流 30000V。缓冲段用一块隔板分为油室和水室。

布油室在电极下部两侧操作平台侧面,布有很多均匀的孔。为了在运行过程中及时地检测出水位,在电脱水段设置了 3 个测水电极。收油槽设在电极上部,净化油从收油槽流入油室。在电脱水段的正常液面下设有低液位报警——浮球液位控制器。当液面下降到浮球液位控制器报警时,自动断电。缓冲段在该设备的末端,与电脱水段之间用隔板分开。经电脱水后的净化油流入收油槽后落入油缓冲室,沉降段及电脱水段脱除下来的污水通过可调堰管流入水室。油室和水室内装有高、低液位报警器和浮球液位计,以控制它们的正常液位防止抽空。结构如图3-27所示。

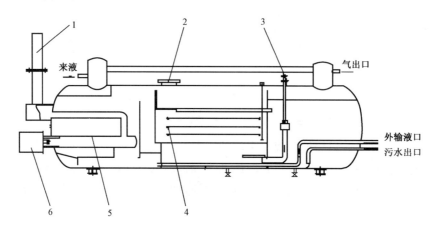

图3-27 "五合一"组合装置内部结构示意图
1—烟囱;2—人孔;3—调节器;4—电极板;5—烟管;6—燃烧器

2. 工作原理

油井来气液混合物先进入分气包进行气液初步分离,分出的伴生气通过容器外部的管道进入后端的缓冲室,经二次捕雾后输出;分出的含水原油进入火筒罩析出气体后,再进入火筒下部进行沉降分离脱水;乳化液经水洗后上升,经过火筒及烟管加热后溢过堰板进入电脱水段底部的布油槽;再经过二次水洗,进入电场进行脱水,脱水后的净化油经收油槽流入油缓冲室,而后,经油调节阀进入输油管线。脱除的污水经可调堰管溢流出口流入水室,经水调节阀进入污水管线。

3. 设计参数

(1)操作压力0.2~0.25MPa。

(2)脱水温度为45~55℃,根据原油物性而定。

(3)加药量:根据油井的产液量,破乳剂的加药量为10~30mg/L。

4. 操作要点

(1)不得超温、超压运行,保持温度平稳,加热段升温要求达到规定温度。

(2)保持脱水段总是在正常压力下操作,压力不得低于0.2MPa。

(3)必须控制好电脱水段的水位,送电操作时不能让空气留在容器内,以保证电脱水器的正常运行及处理后的油、水指标合格。

(4)停电必停火,关闭燃料油阀门,切断火源。停电时所有熔断器的熔断丝都必须拔下,以防发生人身伤害事故。

(5)冬季定期给烟箱放水。

九、油气混输泵

混输泵是实现油气混输工艺的关键设备,在集油工艺中的作用主要有两个:一是扩大集油半径,对于距离系统较远的油井可以在集油阀组间或计量站安装螺杆泵;二是油气混合液外输,在转油站应用螺杆泵,将油气混液增压输至脱水站,从而简化转油站工艺,降低工程投资。

1. 螺杆泵工作原理

螺杆泵是一种输送液体的机械设备,主要工作部件是偏心螺旋体的螺杆(称转子)和内表面呈双线螺旋面的螺杆衬套(称定子)。其工作原理是:当电动机带动泵轴转动时,螺杆一方面绕本身的轴线旋转,另一方面,它又沿衬套内表面滚动,于是形成泵的密封腔室。螺杆每转一周,密封腔内的液体向前推进一个螺距,随着螺杆的连续转动,液体以螺旋形从一个密封腔压向另一个密封腔,最后挤出泵体。

1)单螺杆式油气混输泵

单螺杆式油气混输泵(图3-28)是在油、气、水混输工况下,由普通单螺杆泵改进而成的。从泵的工作原理和主要关键工作部件的设计思想来讲,与普通单螺杆泵无任何本质的区别。尽管所谓的单螺杆式油气混输泵较之普通的单螺杆泵在某些部位的设计上有所改进,但从总体来讲,单螺杆式油气混输泵在继承了普通单螺杆泵长处的同时,也不可避免地继承了它的短处,而其中的某些短处在油气混输工况下,成为了单螺杆式油气混输泵的缺陷。

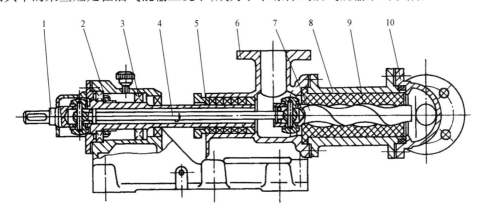

图3-28　GF型单螺杆式油气混输泵结构图

1—空心轴;2—机座;3—滚动轴承;4—绕轴;5—填料轴封;6—泵壳;7—螺杆;8—壳体;9—衬套;10—出料口

单螺杆式油气混输泵具有以下几方面特点:

(1)泵的传输部件一个是钢质转子,一个是软质衬套,二者在转子运动过程中过盈配合形成输送介质的密封容腔,从而实现气液混输;同时,该泵对输送介质中的固体颗粒不敏感,这也是单螺杆式油气混输泵相比于双螺杆式油气混输泵最大的优势,在携砂量大的油井有一定的应用前景。

(2)单螺杆式油气混输泵的转子部件从原理上就必须是偏心转动,因而不可能在与电动机直联的高速条件下运转,而必须借助减速机进行减速,所以整个机组较双螺杆式油气混输泵复杂,机组体积远远大于双螺杆式混输泵。

(3)由于单螺杆式油气混输泵只能低速运转,增压效果差,当要求混输泵压力较大时,单螺杆式油气混输泵无法满足。即使从设计上通过增加压力级数以及螺杆直径,可以向大型化发展,但泵整个体积的增大,使它在实际制造和应用上很难实现。

(4)单螺杆式油气混输泵工作时转子与橡胶定子处于过盈配合,必须有充分的润滑冷却,而对于油田油气混输泵工况来说,存在段塞流,即有100%气相运转的情况,单螺杆式混输泵是很难满足的。

2)双螺杆式油气混输泵

双螺杆式油气混输泵(图3-29)是从输送液体的普通双螺杆泵经过特殊设计发展而来的一种油、气、水混输泵,从设计原理上讲,与普通双螺杆泵无本质的区别,但是这种混输泵在设计中巧妙地利用了普通双螺杆泵中存在的螺杆间隙和气体的可压缩性,借助于结构上的特殊设计保证泵内间隙的液态密封,真正实现了油气水多相混输。

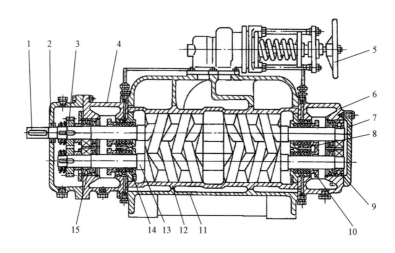

图3-29 2G型双螺杆式油气混输泵结构图

1—主轴;2—齿轮箱;3—齿轮;4—左填料箱;5—安全阀;6—右填料箱;7—压盖;
8—填料;9,15—轴承;10—填料压盖;11—泵体;12—衬套;13—从杆;14—填料函本体

该类型泵采用同步齿轮传动结构,传递主动螺杆到从动螺杆的扭矩,以保证输送元件之间无金属接触,无动力传递,从而保证输送元件在输送任何介质时都有高可靠性,同时泵在短时间内干转也没有损害;泵体上采用特殊结构的循环阀,当出口压力高于工作压力时,循环阀打开,一部分介质可经循环阀返回泵入口或储罐,在全压状态下启动双螺杆泵时,能大大降低启动扭矩;泵体内腔采用特殊设计,保证了停泵时泵内能存有足够的流体介质,即使在吸入管道内100%气体状况下,仍然具有良好的稳定运行能力;螺杆采用具有专利的特殊型线,以形成符合要求的液气分离流道,保证螺杆在啮合过程中输送油气混合物的功能;在泵的工作过程中,相互啮合的主从螺杆在泵体内形成密封腔,随着螺杆的回转运动,密封腔里的液体随着密封腔一起做轴向运动,平稳而又连续地输送到泵的出口处,由于泵工作过程中密封腔容积恒定不变,所以泵供给液体时不会产生脉动。

因此,双螺杆泵具有以下优势:

(1)工况适应范围广:双螺杆式油气混输泵完全适用从100%的气到100%的液的不同来流工况,这也正是其相比于单螺杆式油气混输泵及内压缩式双螺杆式油气混输泵所具有的优势。

(2)流程简单,投资低:油井来液可以不经过任何分离器,油、气、水直接进入双螺杆式混输泵,工艺流程简单,占地面积小、投资低。

(3)维护工作量小:双螺杆式油气混输泵的密封由泵内液相介质冷却润滑,轴承、齿轮由油脂或油箱中的齿轮润滑油润滑,无任何附加的润滑设备,泵的日常维护只有3个月一次的齿轮油箱加油和半年一次的轴承注油脂,泵机组维护工作量几乎为零。

(4)操作程序简单:泵机组即是混输泵与电动机,启动泵时,打开进出口阀门,启动电动机即可运行;停泵后只要关闭进出口阀门即可。

(5)抗砂性能较差:同内压缩式双螺杆式油气混输泵一样,双螺杆式油气混输泵抗磨损性能较差,必须在泵的入口管道上安装过滤器,过滤来流中的较大粒径的砂粒,目前国内一些混输泵厂家已能提供相应的混输泵专用过滤器。

2. 螺杆泵与离心泵的区别

(1)螺杆泵可输送油气混合物,离心泵只能输送液体。

(2)螺杆泵流量随排出压力的改变而变化不大(只是增大漏失量),而离心泵的流量随排出压力的增高而减少(因为流量降低严重)。

(3)螺杆泵的轴功率随排出压力的增高而增大,而离心泵的轴功率与排量、扬程的乘积成正比。

(4)螺杆泵的高效区较离心泵宽,可在较宽的排出压力范围内处于经济工作状态。

3. 单、双螺杆式油气混输泵性能比较

油田用典型混输泵性能对比见表3-1。由表3-1可见,双螺杆式油气混输泵排量大、扬程高、泵效高,但抗磨损性能较差,对现场管理、操作、维护要求较高。单螺杆式油气混输泵抗砂能力强,维护管理简单,但体积较大,排量小、扬程低。相同参数条件下,两种泵价格差异不大。

表3-1 油田用典型混输泵性能对比表

性能指标	双螺杆式油气混输泵	单螺杆式油气混输泵
排量	一般小于400m³/h	一般小于60m³/h
进出口压差	一般可达2.5MPa,特殊可达4.0MPa	一般可达1.5MPa
泵效率	高,输纯液时大于70%	低
介质黏度	无要求	无要求
介质温度	无要求	无要求
抗砂能力	一般	强
过滤要求	配特制篮式过滤器20目	配篮式过滤器5目

续表

性能指标	双螺杆式油气混输泵	单螺杆式油气混输泵
转速	一般小于1500r/min	一般小于500r/min
密封	金属波纹管机械密封	填料密封
封液系统	热缸吸常压润滑油,低于介质压力,介质润滑,机械密封接触面	无,介质润滑,机械密封接触面
价格(以75kW为例)	34.5万元	33.0万元
检修方式	返制造厂检修	返制造厂检修
现场管理	复杂,要求高	简单,要求低
操作要求	高	低
维护费用	高	低

第四章　水质处理简化工艺技术

大庆外围油田开发对象属于低渗透与特低渗透油层,地层平均空气渗透率多处于 10～100mD 范围内,部分油田小于或等于 10mD,局部区块小于或等于 1mD。油田目前仍然以注水开采为主要采油手段。一般来说,油田地层渗透率越低,对注水水质的要求就越高,目前大庆油田执行的低渗透油藏水驱注水水质指标见表 4-1。

表 4-1　低渗透油藏水驱注水水质指标(Q/SY DQ0605—2006《大庆油田油藏水驱注水水质指标及分析方法》)

参　数	水驱指标要求	
	低渗透层 (渗透率 20～100mD)	特低渗透层 (渗透率≤20mD)
含油量(mg/L)	≤8	≤5
悬浮固体含量(mg/L)	≤3	≤1
粒径中值(μm)	≤2	≤1
硫酸盐还原菌(个/mL)	≤25	≤25

由于开发区块分布零散,对于注水水源的选择也呈现出多样化。已开发的大庆外围油田,注水水源主要有油田采出水、地下水和地表水。从节约水资源、保护环境的角度出发,首先是要保证将油田采出水处理后全部回注。另外,外围低产油田开发初期原油含水率均较低,除采出水回注之外还需要补充其他水源,补充的水源以承压层地下水为主,在局部地下水资源较差的区域,将地表水深度处理后作为注水水源。

在油田水质处理工艺上,按照对采出水中含油、悬浮固体、菌类的达标要求,一般以稳定高效的预处理技术、过滤技术为基础,辅助除硫、除铁和杀菌等工艺。因此,在低渗透、特低渗透油田水质处理中,由于对出水水质要求高,为了保证工艺的简化、优化及安全平稳运行,在过滤方面,采用了微絮凝过滤、双膨胀滤芯精滤、磁分离、超滤膜及悬浮污泥等技术;在过滤预处理方面,采用了横向流除油、气浮选除油、氧化除硫及曝气除铁等技术;在辅助工艺方面,采用了化学药剂杀菌、紫外线杀菌、高效氧化催化紫外线杀菌及滤罐反冲洗参数优化等技术。从现场使用效果来看,根据不同原水水质特点、回注水质标准的要求,大庆外围油田采用的整体处理工艺及单项处理技术处理效率较高,满足了油田开发生产的需要。

第一节　含油污水处理技术

针对低渗透油藏开发对注水水质的要求,目前大庆外围油田应用的含油污水处理工艺主要分为两大类,详见表 4-2。

表 4 - 2　含油污水处理工艺流程示意表

储层类别	处理后水质指标	工艺流程
低渗透层 （渗透率 20 ~ 100mD）	含油量≤8mg/L 悬浮固体≤3mg/L 粒径中值≤2μm （简称"8.3.2"）	来水→自然沉降→混凝沉降→两级压力过滤 来水→横向流除油→两级压力过滤 来水→气浮选除油→两级压力过滤 来水→自然沉降→悬浮污泥过滤
特低渗透层 （渗透率≤20mD）	含油量≤5mg/L 悬浮固体≤1mg/L 粒径中值≤1μm （简称"5.1.1"）	来水→高效氧化除硫装置→沉降罐→恒压浅层气浮→海绿石过滤罐 →双膨胀精细过滤罐→聚氯乙烯合金中空超滤膜 来水→曝气沉降 + 涡凹气浮装置 + 流砂过滤 + 聚氯乙烯中空纤维膜

第一类：满足"8.3.2"出水水质指标的含油污水处理工艺有"两级沉降 + 两级过滤"、"横向流 + 两级过滤"、"气浮选 + 两级过滤"以及"自然沉降 + 悬浮污泥过滤"等。

第二类：满足"5.1.1"出水水质指标的含油污水处理工艺有"高效氧化除硫装置→沉降罐→恒压浅层气浮→海绿石过滤罐→双膨胀精细过滤罐→聚氯乙烯合金中空超滤膜"、"来水→曝气沉降 + 涡凹气浮装置 + 流砂过滤 + 聚氯乙烯中空纤维膜"等。

一、横向流除油技术

含油污水的深度处理传统上是采用两级沉降、两级过滤工艺，或一级沉降、两级过滤工艺。虽然处理的含油污水效果较好，但设备较多，工艺相对复杂，操作强度大，占地面积多。横向流聚结除油器是 2000 年左右在斜板除油的基础上研究出的除油技术，其原理也遵循"浅池理论"。通过改变含油污水流动的速度及方向，增加油珠间的碰撞聚结概率，使小且分散的油珠聚并成大油珠，小颗粒固体物质絮凝成大颗粒，从而达到油、悬浮物与水分离的目的。在油田含油污水处理工艺中可替代由自然沉降罐和斜板沉降除油罐组成的除油工艺，节省占地、节省投资及运行费用，达到了简化污水处理工艺的目的。

在采用横向流除油技术的污水站，含油污水首先通过横向流除油器，使大部分原油从水中分离出来，横向流除油器的出水再依次进入两个压力滤罐，通过滤料截留，进一步去除水中的污油及悬浮物固体。工艺流程如图 4 - 1 所示。

1. 主工艺流程

来水→横向流除油→两级过滤→外输。

2. 辅助工艺流程

（1）滤罐反冲洗及回收工艺：二次过滤出水进入反冲洗水罐，通过反冲洗泵升压，对过滤罐逐一进行反冲洗，反冲洗水进入回收水池，经混凝沉淀后将上清液回收至横向流除油器入口。

（2）污油回收工艺：横向流除油器以及回收水池顶部污油汇入统一设置的污油罐，通过污油回收泵回收至原油集输系统。

（3）污泥系统工艺：横向流除油器以及回收水池底部污泥汇入统一设置的污泥浓缩罐，静沉 4h 后，顶部上清液自流至回收水池回收进入系统，底部污泥经转输泵进入污泥脱水系统。

横向流除油技术适用于处理常规水驱含油污水，污水乳化程度不高，粒径小于 50μm 的油

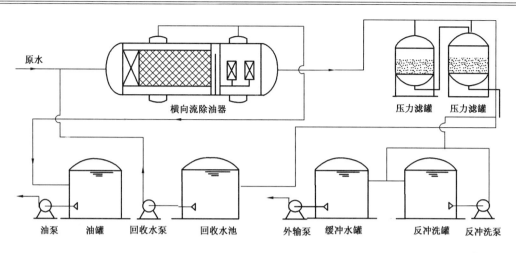

图4-1 横向流除油、双层压力过滤流程图

珠占20%～50%。设备处理量为10～150m³/h。在水力负荷为7.5m³/(m²·h)时处理不同含油量的污水,进口含油量应不大于5000mg/L。

该技术主要应用于大庆外围油田的含油污水处理,适合于原油相对密度小于0.9g/cm³的含油污水,对油的去除率效果较好,并且油水分离时间由原来的6.0h降至1.0h以下,当来水含油小于1000mg/L时,出水含油小于50mg/L;悬浮固体去除率达到50%。

但由于该工艺属于高效设备,对来水水质波动的适应性较差。在一定范围内,来水温度越高,污水处理的效果越好。

二、气浮选除油技术

气浮选除油技术是向采出水中加入微细气泡,使气泡表面吸附携带污水中的油珠和悬浮物上浮,使其与水分离,从而达到净化污水目的的一项污水处理技术。常规气浮工艺按气泡产生的途径,分为压力溶气气浮、叶轮诱导气浮和射流气浮三种。

为提高除油效率,大庆外围油田应用了恒压浅层气浮技术作为气浮选除油的主要技术,该项技术是压力溶气气浮工艺中的一种,通过加强整体工艺前期预处理效果,保证后续过滤设备的简化及其安全平稳运行。

恒压浅层气浮除油技术有别于常规的气浮选工艺,它是在一定条件下向污水中通入空气,产生微细气泡,利用气泡吸附携带污水中的油珠和微细悬浮状的物质上浮,使其与污水分离,以达到净化污水的目的。此技术具有独特的布气及布水系统,改变了溶气水的布局,使原本无序的气泡通过恒压分流变成有序均衡分布;在混合曝气区,大量的油及大颗粒杂质被20～40μm的微细气泡带到水面;溶解于污水中的硫化物等有害物质在带压气泡的吹脱作用下由液相变为气相被去除。在布气区,污水中细小的颗粒及乳化状态的油,被均衡分布的气泡黏附后迅速浮出水面被去除。

该项工艺的关键技术主要包括高效溶气技术、加强布气技术和恒压分层布气技术等。

气浮与沉降技术结合使用,可以提高整体处理工艺出水水质的稳定性,并且沉降罐前采用氧化除硫措施,以进一步提高其油水、固液分离效果以及除去污水中对精细过滤装置有害物质,提高后续分离设备抗冲击性及使用寿命。主要工艺流程见图4-2。

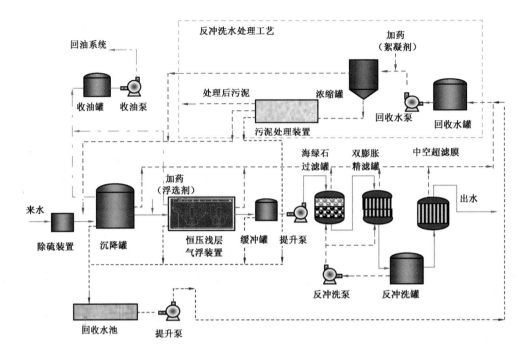

图 4 - 2 含油污水"5.1.1"精细处理主要工艺流程图

1. 主工艺流程

处理工艺流程基本为:来水→氧化除硫→沉降→气浮除油→三级过滤→外输。

2. 辅助工艺流程

(1)滤罐反冲洗及回收工艺:过滤出水进入反冲洗水罐,通过反冲洗泵升压,对过滤罐逐一进行反冲洗,反冲洗水进入回收水池,经混凝沉淀后将上清液回收至横向流除油器入口。

(2)污油回收工艺:沉降罐、气浮以及回收水池顶部污油汇入统一设置的污油罐,通过污油回收泵回收至原油集输系统。

高效溶气技术:先制备气体饱和溶液,这种溶液在减压情况下能释放出大量微细气泡;直径为 $20 \sim 40 \mu m$ 的微细气泡黏附水中杂质颗粒而上浮。

加强布气技术:通过混合器使气泡与处理液充分混合,加强处理液中油及颗粒杂质聚结以及乳化油破乳(部分气泡破碎,具有吹脱作用),并对污水中铁、硫等物质起到曝气氧化作用,是后续处理工艺的预处理环节。

恒压分层布气技术:在分离区内设置恒压装置,通过恒压装置平行分层释放溶气水,使气泡呈有序状态分布,上层为预处理分离区,下层为主分离区。根据"零速度理论"原则设计的导流布水系统,将含油污水输至预处理分离区(气泡区),大部分油及大颗粒杂质在预处理分离区被迅速分离去除,一部分细小悬浮物及小油珠在主分离区(最佳气泡区)内被去除。

在应用中一般选择沉降罐作为气浮选装置的预处理罐,因其对来水水质变化有较强的适应能力,可以除去原水中的浮油、部分分散油及大颗粒悬浮固体,是气浮选技术应用的保证。气浮选与沉降技术结合使用可以提高整体处理工艺出水水质的稳定性,并且沉降罐前采用氧化除硫措施,以进一步提高其油水、固液分离效果及除去污水中对精细过滤装置有害物质,提高后续分离设备抗冲击性及使用寿命。

三、悬浮污泥过滤技术

悬浮污泥过滤技术(Suspended Sludge Filtration,SSF),是近年来一项用于大庆外围油田含油污水处理的新技术,此项技术通过投加组合药剂,利用污水自身形成的致密悬浮污泥层进行水质的净化、过滤,功能上相当于常规污水处理系统除油和精细过滤的总和。

来水进入除油缓冲罐,投加净水剂,出水进入悬浮污泥过滤器,使污水中部分溶解状态的污染物和胶体颗粒(包括乳化油)分离出来,出水进入外输水罐。工艺流程如图 4-3 所示。

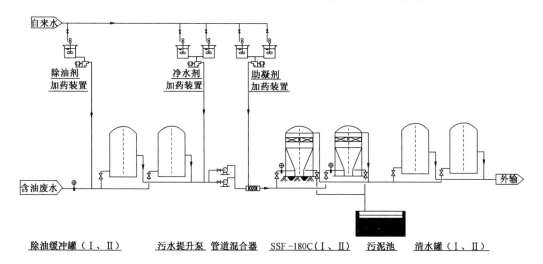

图 4-3　悬浮污泥过滤工艺流程示意图

悬浮污泥过滤处理工艺具有结构简单、工艺流程短(停留时间 30min)、处理精度高、占地少、运行费用低、一次性投资少、操作维修简便等优点。含油污水通过一级除油缓冲和一级悬浮污泥过滤器处理工艺,处理后水质可满足低渗透油层注水水质指标"8.3.2"(表 4-2)的要求。并且在大庆外围油田应用悬浮污泥过滤工艺新建 1 座污水深度处理站,与常规两级大罐沉降两级过滤工艺相比,节省建设投资 24%、节省占地约 25%,技术经济优势比较明显。

四、含油污水除硫技术

根据监测数据和现场运行发现,原油采出、污水处理及回注系统中均存在大量的硫及其他还原性物质,影响了处理工艺出水水质的稳定性,并且对过滤设备、管线等设施造成腐蚀。在油田生产中,对硫化物等还原性物质的去除基本上采用氧化还原法,分为化学法和物理法。化学法除硫是采取加除硫药剂或加二氧化氯等强氧化剂的方法除硫,此方法简单易操作,但是运行费用高;物理法一般采用曝气氧化方法,近几年应用了高效氧化复合除硫新技术,降低了强氧化剂除硫方法对设备、管线的腐蚀可能性,运行成本比较低。

1. 化学法除硫技术

化学法除硫是采取加氧化性除硫化物药剂的方法,利用氧化还原反应的基本原理,直接把二价硫等可还原性物质氧化成稳定的产物进行分离。

例如,在朝一联含油污水处理工艺中,就采用了加除硫化物药剂的方法除硫,其污水处理工艺流程为:污水原水→沉降→氧化除硫→气浮选除油→过滤→外输,除硫剂投加在气浮选工艺前。

一般来说,气浮选工艺也会对含油污水中硫化物的去除具有一定效果,但出水硫化物含量仍然较高,根据试验,当总来水硫化物含量平均值为69.5mg/L 时,通过气浮选工艺处理后,出水硫化物含量平均值为18.2mg/L,硫化物去除率为73.8%。但因后续过滤工艺的中空纤维膜要求去除水中的硫化物,因此,在气浮选装置前加入除硫剂后非常明显:当总来水硫化物含量平均值为59.0mg/L 时,出水硫化物含量平均值为0.7mg/L,硫化物去除率为98.8%。但由于除硫化物药剂费用较高,使得含油污水用化学法去除硫化物成本高。

2. 曝气法除硫技术

硫化物包括可溶性硫化物和不溶性硫化物,不溶性硫化物多被油珠、悬浮物所吸附,积聚在罐顶及油水过渡层中,不易从水中分离出来。

曝气法除硫技术是将风机与微孔释放器组合安装在一次沉降罐中,通过向罐内充入空气,一方面利用空气中氧的氧化作用去除污水中的低价态硫;另一方面破坏硫酸盐还原菌的生存条件,从而达到去除硫化物的目的。曝气法除硫工艺流程示意图见图4-4。

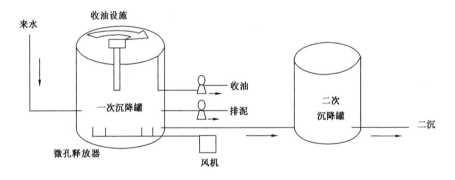

图4-4 除硫工艺流程示意图

一般在沉降罐罐间阀室增设风机,在一次沉降罐内增设微孔释放器,向处理污水中充入空气。

工艺技术参数:气水比为10:1;微孔释放器产生气泡的直径为2~10mm。

宋二联污水系统应用了曝气法去除硫化物,来水硫化物含量为20mg/L,设备出口硫化物含量降到0.79mg/L,外输水中硫化物含量满足回注水质指标的要求。

3. 高效氧化复合除硫化物技术

高效氧化复合除硫化物技术,主要是通过高压、高频脉冲电场和梯度磁场的磁化作用,减弱污水中各物质之间的结合力量。利用三维电极电解水产生的大量羟基自由基,氧化二价硫等还原性物质及有机物质,生成的单质硫和其他稳定的硫化物等产物与弱电解含油污水氧化形成的胶态杂质凝聚,最终较大颗粒悬浮杂质在沉降或气浮作用下去除。该技术主要涉及高压脉冲电磁场技术、氧化催化复合床技术以及电解氧化技术等单项技术。

1）高压脉冲电磁场技术

在板状电极上缠绕相应的线圈,通过电流和频率的变化形成梯度磁场。由于水分子之间靠氢键缔合,并且还存在着电偶极矩的相互作用,在高压电场的作用下,水分子运动速率加快,促进了氢键的断开。另外,由于含油污水中含有油类及其他有机物质,通过高压高频脉冲电场和梯度磁场的作用,减弱污水中各物质之间的结合力量,以利于后续的反应,减轻后续设备的负担,提高整体除硫工艺的处理效率。

2）氧化催化复合床技术

氧化催化复合床技术是利用三维电极、催化氧化、吸附等作用而发展起来的一种新技术。该技术从三维电极的基本原理出发,配以催化氧化技术,在两个主电极之间充填高效、无毒的颗粒状专用材料、催化剂(或催化手段)及一些辅助剂,组成去除某种或某一类有机或无机污染物的最佳复合填充材料,并将这些材料作为粒子电极,置于结构为方形或圆形的床体内。通过三维电极直接对水电解,产生相应的自由基;通过自由基提供的电子,将二价硫氧化为单质硫及易溶于水、无污染的 SO_4^{2-}。另外,在这个反应过程中,会发生相应的氧化絮凝作用和氧化气浮作用,从而进一步去除含硫物质。

3）电解氧化技术

在电解含硫污水过程中,电极电势较低的阴极离子将硫离子氧化成易溶于水、无污染的 SO_4^{2-};将水中价位较高的金属离子在阴极得到电子变成价位较低的离子,与硫离子(S^{2-})形成更加稳定的硫化物;使水中的胶态杂质、悬浮杂质凝聚而生成沉淀。同时,带电颗粒在电场中泳动,其部分电荷被电极中和,而促使其絮凝聚结。

高效氧化除硫装置由磁化处理部分、强电解处理部分、弱电解处理部分和配电控制部分组成,其结构如图 4 - 5 所示。

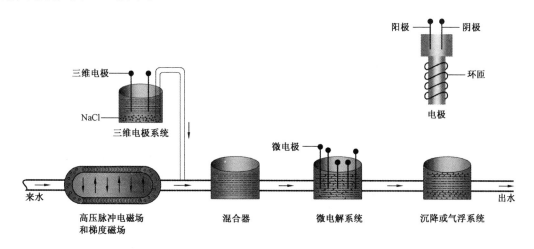

图 4 - 5　高效氧化除硫装置结构图

工艺流程为:含硫污水→磁化处理→三维电极氧化(加入盐水)→弱电解氧化→沉降→气浮→出水。

适用于进水含硫量不大于 100mg/L、含油量不大于 300mg/L、悬浮物含量不大于 200mg/L

的水质。

以朝一联含油污水深度处理站应用高效氧化复合除硫装置为例,该装置安装在自然沉降罐后,处理后污水沉降1h后进入恒压气浮装置。

在总来水含硫量平均值为54.5mg/L时,高效氧化除硫装置直接出水硫含量平均值为48.2mg/L;经自然沉降1h进入气浮装置时,硫含量平均值为7.6mg/L;气浮装置出口硫含量平均值为0.59mg/L。化验数据表明,含硫量较高的含油污水经除硫装置沉降1h或经恒压气浮装置综合处理后,硫化物去除效果好,出水水质稳定,达到了气浮出口污水硫含量不大于2.0mg/L的技术指标(图4-6)。

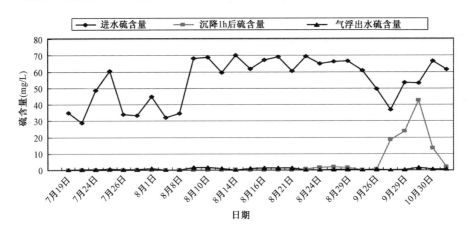

图4-6　高效氧化除硫装置除硫效果曲线图

五、含油污水过滤技术

1. 微絮凝过滤技术

在大庆外围油田的含油污水中,悬浮物的粒径细小,仅通过现有过滤设备中的粒状滤料难以截留水中杂质,处理后水中悬浮物固体含量难以达标,应用微絮凝过滤技术可以提高悬浮物的去除率。

微絮凝过滤即直接在过滤罐的滤前进水管道上投加很少量的絮凝剂,并且短时间内与污水中粒径较小的悬浮物反应形成微絮体,微絮体在经过弯头、布水圆筒和筛管时,在涡流、旋转和碰撞的作用下,微絮体能聚结成相对较大的絮凝体,在碰到滤料时被截留在滤层中,在滤料的上部形成了一网状的结构,对后续过滤有助滤作用。该絮凝体在大强度反冲洗时容易破碎脱落,可随反冲洗水一起排出罐外。

微絮凝剂大多应用在"两级沉降+两级压力过滤"处理工艺上(图4-7),使混凝沉降中未沉降下来的颗粒和小絮团迅速聚结成大絮团,然后进入过滤系统。微絮凝剂的加药浓度应根据现场水质实际情况及时调整,加药浓度不当会导致滤后水质不达标或者堵塞滤罐。加药浓度过低使水中杂质絮凝效果变差,微小颗粒透过滤层影响滤后水质;加药浓度过高虽然能使水中杂质得到有效絮凝,但是由于微絮凝剂的黏性较强,会吸附在滤料上表面难以反洗干净,导致滤速降低和反洗憋压。

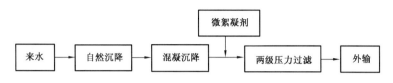

图 4-7 微絮凝过滤工艺流程框图

微絮凝过滤的工艺技术参数:根据污水来水水质情况,微絮凝剂的加药浓度为 0.25 ~ 0.4mg/L。

新一联合站应用此项技术以来,在前段处理达标的情况下,滤后水完全能够达到"8.3.2"的注水标准(表 4-2)。龙一联合站接收敖古拉、布木格等多个油田的原油,污水成分非常复杂,采用常规的加药方式难以实现污水稳定达标,为此,独创了三点加药技术,无机絮凝剂与有机絮凝剂以 3:1 的加药比例加在混凝沉淀之前,一定量的助凝剂加在过滤之前,处理后水的悬浮物含量可降到 3.0mg/L 以下,水质实现连续稳定的达标。

2. 反冲洗优化技术

过滤罐作为污水处理的关键设备之一,在外围油田含油污水处理站得到广泛使用,它对控制最终出水水质达标起到了关键作用。初期建设的含油污水处理站受投资控制及自控工艺等条件的制约,过滤罐多采用单一参数反洗模式,当两种过滤罐反洗参数相差较大时,通过调节回流量来完成直径较小、反冲洗强度较小过滤罐的反冲洗。该种反洗方式存在自用水量大、反洗效果差、过滤罐内部结构容易损坏、滤料流失严重等问题。随着外围油田开发时间的延长,含水率逐步增高,含油污水处理系统规模日益扩大,过滤罐使用的数量也逐步增多,早期采用单一参数反洗模式存在的问题逐步暴露出来。因此,开展了反冲洗参数优化与反冲洗变频自动控制技术的应用。

1)反冲洗参数优化

核桃壳过滤工艺普遍存在反冲洗达不到预期效果、长期运行滤料易污染、内部结构损坏和反冲洗周期短、反冲洗自身用水量多的问题。通过分析优选合适的反冲洗强度、时间和搅拌方式等核桃壳过滤器的反冲洗参数,改善核桃壳过滤器反冲洗效果,提高了滤后水质。

参数优化模式反冲洗过程(图 4-8)分为两个阶段:第一阶段为小强度反冲洗;第二阶段为大强度反冲洗,停止搅拌,升高反冲洗强度。

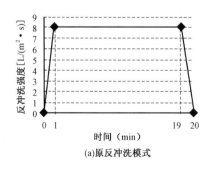
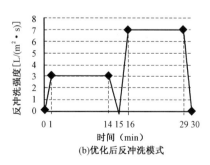

(a)原反冲洗模式　　　　(b)优化后反冲洗模式

图 4-8 优化前后反冲洗模式对比

2008 年在龙一联含油污水深度处理站应用了优化反冲洗参数技术。原反冲洗模式(图 4-8)为单一强度反冲洗,反冲洗强度为 8L/(m² · s),反洗时间 20min,反冲洗周期 8~12h。采用原有反冲洗方式和优化的三种反冲洗方式进行对比,反冲洗参数优化对比见表 4-3,分别提取滤前水、总滤后水、反冲洗来水和反冲洗出水,化验水中固体悬浮物和含油量,通过分析反冲洗效果,探索出最佳的反冲洗参数。

表 4-3 龙一联核桃壳过滤器反冲洗参数优化对比表

项目	参数一	参数二	参数三	原参数
截面积(m²)	6.25	6.25	6.25	6.25
小强度冲洗[L/(m² · s)]	2.0	2.5	3.0	8.0
反冲洗水量(m³/h)	45	56	68	180
搅拌开启时间	1min 后	1min 后	1min 后	反冲洗开始
搅拌时间(min)	15	15	15	20
停止	16min 后	16min 后	16min 后	反冲洗结束
大强度冲洗[L/(m² · s)]	4.0	5.0	7.0	—
反冲洗水量(m³/h)	90	113	158	—
搅拌时间(min)	15	15	15	—
反冲洗时间(min)	30	30	30	20

反冲洗初期排水含油、悬浮物含量以参数二和参数三最高,参数一次之,原参数最低,说明参数二和参数三反冲洗脱附效果好,而原参数脱附效果最差(表 4-4);反冲洗末期排水含油、悬浮物以参数二和参数三为最低,参数一次之,原参数最差,这表明参数二和参数三的反冲洗彻底,反冲洗效果最好,其中参数三优于参数二。

表 4-4 四种参数反冲洗排水水质对比表

项目	参数一	参数二	参数三	原参数
初期排水含油量(mg/L)	42.5	50.2	54.6	32.7
初期排水悬浮物(mg/L)	108.6	115.3	142.4	89.4
末期排水含油量(mg/L)	3.12	3.24	2.56	4.53
末期排水悬浮物(mg/L)	13.5	12.8	9.6	15.8

从反冲洗结束后正常过滤开始计时,同时取滤后水化验水质,每隔 2h 化验一次取其平均值。

优化后,三种运行参数的滤后水除油、除悬浮物效果均优于原参数,其中参数三的除油、除悬浮物效果最优(表 4-5)。说明反冲洗参数优化后,反冲洗效果得到改善,污染的滤料逐步恢复正常,纳污能力逐渐增加,滤后水质随之改善。

表 4-5 过滤阶段出水水质对比表(均值)

项目	参数一	参数二	参数三	原参数
含油量均值(mg/L)	0.914	0.826	0.472	1.245
悬浮固体均值(mg/L)	2.36	2.04	1.60	4.26

在大量数据的基础上,确定了一般核桃壳过滤罐适合的反冲洗方式:第一阶段反冲洗强度 3.0L/(m²·s),搅拌冲洗 15min;第二阶段停止搅拌,升高反冲洗强度至 7.0L/(m²·s),冲洗 15min。当然,反冲洗参数可以根据运行情况的变化,结合具体水质进行相应调整。

2)反冲洗变频控制技术

针对核桃壳过滤器存在反冲洗模式单一、参数不可调的问题,在含油污水深度处理站应用了反冲洗变频控制技术。通过反冲洗 PLC 控制程序,可由目前单一的反冲洗强度改为参数可调的变强度反冲洗模式,根据优化后反冲洗效果的化验数据对比,可确定出反冲洗强度和时间等设定参数。

PLC 控制程序中采用 PID 控制,以流量为控制对象,变频输出控制反洗泵的排量,达到设定的大小两种强度的反冲洗流量。PID 是工业控制常用的控制算法,无论是在温度、流量等慢变化过程,还是在速度、位置等快变化过程,都可得到很好的控制效果。PLC 控制程序示意图见图 4-9,其操作界面见图 4-10。

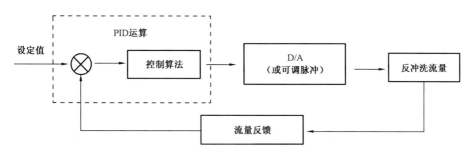

图 4-9　PLC 控制程序示意图

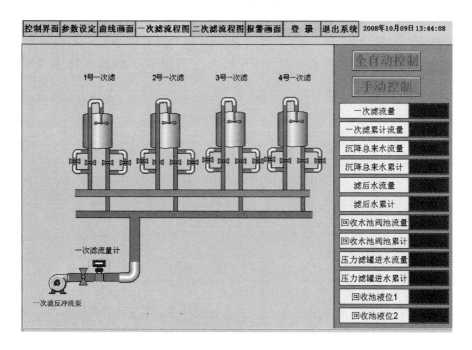

图 4-10　PID 控制程序操作界面

流量传感器反馈的流量信号〈Y〉($4\sim20$mA)与设定值〈U〉进行比较,其偏差〈X〉经变频器的 PID 控制器运算后产生执行量〈Fi〉驱动变频器,从而构成以设定流量为基础的闭环控制系统。运行参数在实际过程不断进行调整,使系统控制器响应趋于完整。

当偏差 X(设定值 − 反馈值)为正时,增加执行量(输出频率),如果偏差为负,则减小执行量(图 4 − 11)。

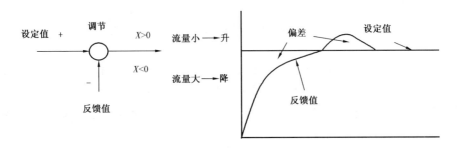

图 4 − 11 控制调节图

此项目中控制算法采用"比例项 + 积分项 + 微分项",参数值依靠工程整定法在试验中直接得到,也是一种试凑法。该项目中的各个 PID 参数确定后,可在以后少走弯路,只是在局部进行微调即可。

一般 PLC 控制程序主要具有以下功能:

(1)算术平均滤波。对流量的采集和显示要求较高,为了克服由随机干扰引起的误差,所以在 PLC 控制程序中使用了"算术平均滤波法"。该种信号的特点是有一个平均值,信号在某一数值范围附近上下波动,便于 PID 控制。

(2)故障联锁停泵保护功能。

(3)报警保护功能。由于具有算术平均滤波、PID 控制技术和联锁保护、报警保护等功能,该系统具有程序改变灵活、变参数变强度操作简单、工作可靠、控制精度高、抗干扰能力强等特点。

3. 超滤技术

超滤是依托于材料科学发展起来的先进的膜分离技术,能够将溶液净化、分离或者浓缩。超滤介于微滤与纳滤之间,且三者之间无明显的分界线。一般来说,超滤膜的孔径为 1250nm,操作压力为 $0.1\sim0.5$MPa。主要用于截留去除水中的悬浮物、胶体、微粒、细菌和病毒等大分子物质。近年来,超滤的制造技术和应用技术发展迅速,已越来越广泛地应用到油田水处理领域。

1)超滤膜过滤工艺

就注水水质要求达到"5.1.1"标准(表 4 − 2)的区块而言,需在精滤处理工艺的基础上,增设一级超滤膜过滤工艺。国内外应用的超滤的材料有很多种,包括聚偏氟乙烯(PVDF)、聚砜、聚醚砜、聚丙烯、聚乙烯、醋酸纤维素等。在水处理行业,市场上出现最多的是聚偏氟乙烯和聚醚树脂两种材料的产品。

超滤膜分离技术是一种表面过滤的方式,其分离水中污染物的原理是一种筛分过程,膜体上有细小的孔隙,当液体混合物在一定压力下流经膜表面时,来水中小于孔隙直径的污染物透过膜到达低压侧,而大分子及微粒组分被膜阻挡,被截留下来的杂质逐渐被浓缩而后以浓缩液形式排出,从而实现对原液的净化、分离和浓缩的目的(图4-12)。采用超滤膜技术可以有效降低油田污水中的油、悬浮固体和菌类,以及化学需氧量和生化需氧量。

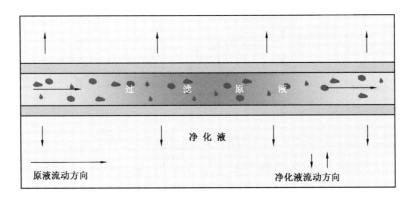

图4-12　超滤膜工艺原理

超滤膜过滤从形式上可分为闭端过滤和错流过滤两种方式。

(1)闭端过滤。闭端过滤的特点是:滤芯的一端堵死,来水从另一端进入,由于滤芯内、外的压力差作用,污水经侧壁的膜体过滤后流出,杂质被膜体截留(图4-13)。闭端过滤方式虽然提高了流量,但是过滤时滤芯表面物质会越积越多,堵塞滤膜孔隙,缩短过滤周期。

(2)错流过滤。错流过滤的特点是:来水从一端进入,依靠压力差,一部分经侧壁的膜体过滤出水流走,另一部分从滤芯的另一端回流,回流水能不断地带走积聚在膜表面的杂质,回流到流程前端的原水罐,延长膜滤芯的反冲洗再生周期(图4-14)。

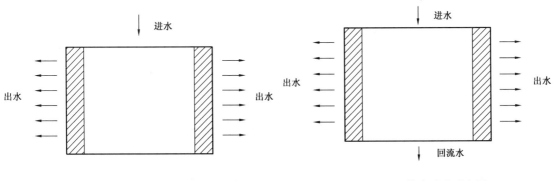

图4-13　闭端过滤示意图　　　　　　　　图4-14　错流过滤示意图

超滤膜装置主要包括供水、膜组件、反冲洗、化学清洗、空气压缩、PLC自控等部分,其工艺流程如图4-15所示。

超滤技术的工艺参数:反冲洗周期30~60min,反冲洗历时30~90s,4个反冲洗周期每升加入5mg的次氯酸钠,浓度为8%。化学清洗周期45~150d。

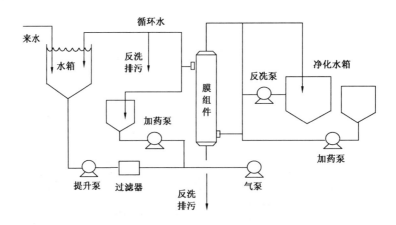

图4-15　超滤膜装置工艺流程示意图

超滤膜适用于处理进水悬浮物含量小于3mg/L、油含量小于1.0mg/L、硫含量小于1.6mg/L、铁含量小于0.5mg/L的含油污水及地下水。

2)超滤膜过滤工艺应用情况

朝阳沟油田含油污水应用的超滤膜,安装在朝一联含油污水处理站,采用聚偏氟乙烯膜,设计产水量为500m³/d,实际产水量为480m³/d,超滤膜装置过滤孔径0.03μm。处理工艺为:含油污水→氧化除硫→气浮→粗滤→精滤→超滤。自动化程度高,可实现全自动控制运行。

(1)水质指标方面。在超滤膜进水悬浮物含量为1.1~10.3mg/L、油含量为痕迹至1.0mg/L、硫含量为痕迹至1.6mg/L的情况下,出水水质稳定达到了"5.1.1"指标(表4-2)。

(2)膜污染控制方面。超滤膜过滤方式采用外压错流过滤,反冲洗采用气水混合结合药剂杀菌方式,在跨膜压差上升0.07MPa以上时,采用酸碱交替加次氯酸钠组合化学清洗,4个反冲洗周期每升加入5mg的次氯酸钠。在错流率25%、反冲洗周期25min、反冲洗时间60s的情况下,进水悬浮物含量小于3mg/L时,清洗周期达到200d,当进水悬浮物含量为8.5mg/L时,清洗周期45d左右;采用酸碱交替加次氯酸钠组合化学清洗后,膜通量恢复到98.9%。

第二节　地下水处理技术

在油田开发上,从节约水资源、保护环境的角度看,将采出污水处理后回注是首选。然而,新开发的外围低产油田一般初期含水率均较低、注采比较高(一般为1.3~1.5)、采出水量少,需要补充其他水源才能实现注采平衡。另外,部分已开发的外围油田,因油水井分布相对较为零散,常为独立的区块,无已建地面系统可依托,一般也采用地下水作为油田注入水源。目前,大庆外围油田地下水处理的主要工艺见表4-6。

表4-6 地下水处理主要工艺流程

储层类别	处理后水质指标	工艺流程
低渗透层 （渗透率20～100mD）	含油量≤8mg/L 悬浮固体≤3mg/L 粒径中值≤2μm	来水→锰砂除铁→精细过滤
特低渗透层 （渗透率≤20mD）	含油量≤5mg/L 悬浮固体≤1mg/L 粒径中值≤1μm	来水→锰砂除铁→精细过滤→超滤

一、地下水除铁技术

根据油田注水水质要求，地下水在处理上主要是解决水中悬浮固体和粒径中值的问题。从地下水特性看，其初始悬浮固体含量较低，处理难度较小。但是一般地下水中均含有二价铁离子，在接触空气后二价铁离子氧化成三价铁离子后产生沉淀，导致悬浮固体含量增加，因此在地下水处理过程中首先要通过曝气将水中二价铁离子在处理前段氧化，再经锰砂除铁滤罐进行处理，使水中的含铁量达到回注标准。

大庆外围油田多采用射流曝气、锰砂除铁常规除铁工艺。

射流曝气是使工作水泵出水通过射流器的喷嘴，随着喷嘴直径变小，液体以极高的速度从喷嘴喷射出来，高速流动的液体穿过吸气室进入喉管，在喉管形成局部真空，通过导气管吸入（或压入）的大量空气进入喉管后，在喷水压力的作用下被分割成大量微小的气泡，促使水和氧气充分混合接触。射流曝气作为一种曝气充氧方法，它的作用不仅仅是作为一种气泡扩散充氧装置（如鼓风曝气中的各种空气扩散装置），也不能单纯看做是一种机械曝气设备，而是介于两者之间，利用气泡扩散和水力剪切两个作用达到曝气和混合的目的。但使用射流曝氧工艺要使溶液中溶解氧的含量达到较高的比率，需选择较大能力的射流器。曝氧技术关键在于控制加气量，过量加气导致溶解氧含量超标，会引起下游设备、管道腐蚀，或水中产生化学析出物污染水质；但如果加气量不够，除铁效果则不理想。

锰砂除铁的基本原理是利用天然锰砂对水中二价铁的氧化反应有很强的接触催化作用，加快二价铁的氧化反应速率。曝气后的含铁地下水经过天然锰砂滤层过滤，水中二价铁的氧化反应能迅速地在滤层中完成，并同时将铁质截留于滤层中，从而一次完成除铁过程。除铁滤罐可同时去除水中较大颗粒的悬浮杂质，为精滤器进水创造条件。

但在应用中要考虑水中硅酸盐会对铁的去除产生不利影响。硅酸盐能与三价铁形成溶解性较高的铁与硅酸的复合物。对于含有较多硅酸盐的原水，如果曝气过多，水的pH值升高，则二价铁的氧化反应过快，所生成的三价铁将与硅酸盐反应形成铁与硅酸的复合物，导致滤后出水含铁量偏高。对于此种水，应适当控制曝气程度，使曝气后的pH值控制在7以下，并迅速进入滤罐，使二价铁的氧化和三价铁的凝聚过滤去除都基本上在滤料层中完成。另外，如果水中的溶解氧含量超标时，应考虑在处理后水中投加脱氧剂。脱氧剂多采用亚硫酸钠（$NaSO_3$），催化剂采用七水硫酸钴（$CoSO_4 \cdot 7H_2O$），投药量为水中剩余含氧量的10倍。但要注意，脱氧剂长时间暴露在空气中会失效，溶解、储存药剂的容器不应敞口。常压容器的隔氧多采用氮气、天然气等惰性气体,也可采用胶囊、胶膜等设施,视具体情况而定。

射流曝气、锰砂除铁工艺流程如图4-16所示。

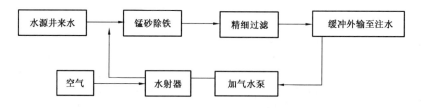

图4-16 射流曝气、锰砂除铁工艺流程框图

射流曝气、锰砂除铁工艺技术参数:除铁过滤所用的滤速一般为12m/h,含铁量高或需除锰的采用较低滤速。反冲洗参数与普通给水过滤相同,但冲洗时间略长,一般10min左右。对于锰砂滤料,因其密度比砂大,需采用较大的反冲洗强度,滤料粒径为0.6～1.2mm的锰砂滤料反冲洗强度为18L/(m²·s),膨胀率为30%左右;滤料粒径为0.6～2.0mm的锰砂滤料,反冲洗强度为22L/(m²·s),膨胀率为22%左右。

二、地下水过滤技术

1. 双膨胀过滤技术

双膨胀过滤是近几年在油田上应用的一种精细过滤工艺,该滤芯采用不锈钢为里层集水管,外层为可松紧有弹性的化纤喷溶弹性丝,经特殊牵引技术缠绕而成,其孔径外层大内层小,外层为预过滤层,内层为过滤保安滤层,以确保过滤精度。双膨胀滤芯结构见图4-17。

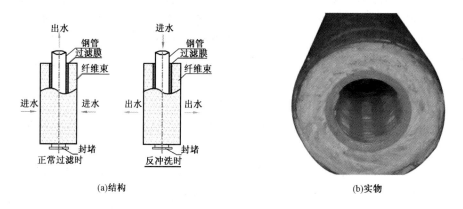

(a)结构　　　　　　　　　　　(b)实物

图4-17 双膨胀滤芯

它的等效过滤直径可以达到0.5μm,可以根据出水水质的不同,选择不同精度的滤芯。滤芯进水为外压式进水。运行时,纤维绕制的外层因来水压力将滤芯压紧,使其孔径变小,提高截污量。水经预过滤层后通过保安层进入集水管,完成运行过程。反冲洗时,净水从集水管中向外压出,因滤芯的外部绕制层具有弹性,此时外层孔径变大,被截留的杂质会被压力水较容易地冲洗干净(图4-18)。

地下水精细过滤技术工艺流程为:来水→锰砂除铁→精滤→外输。

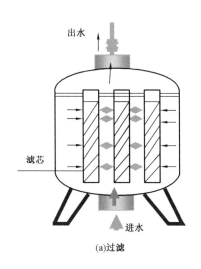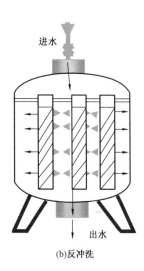

(a)过滤　　　　　　　　　　　　　　　(b)反冲洗

图4－18　双膨胀滤芯精滤器过滤及反冲洗示意图

地表水精细过滤技术工艺流程为:来水→粗滤→精滤→外输。

精滤器工艺技术参数:反冲洗强度为 6 ~ 8L/(m² · s),反冲洗时间为 3 ~ 5min,反冲洗周期为 24 ~ 48h。

大庆外围一些零散区块注水水源采用地下水,根据油田注水水质要求,需达到"8.3.2"标准(表4－2)。为了保证水质达标,地下水深度处理采用锰砂除铁、精滤两级处理工艺,精滤多采用双膨胀过滤技术。

如敖9地下水深度处理站将过滤工艺改造为双膨胀过滤,双膨胀滤罐运行效果良好,过滤后水质稳定,过滤后的地下水化验结果表明,悬浮物含量为 1.0 ~ 1.5mg/L。

肇5水质站执行的是"8.3.2"水质标准,精滤采用双膨胀过滤技术,处理后水质同样能够稳定达到"8.3.2"水质标准。

2. 磁分离技术

大庆外围油田如肇东、肇源、南江等零散区块,生产、生活用水均采用地下水,采用锰砂除铁→精滤和锰砂除铁→精滤→超滤两种处理工艺。投产初期,处理后的水质能够达到油田水质标准。但随着运行时间的延长,部分地下水水质发生变化,主要表现为铁和悬浮物含量大幅增加,例如,肇东一联地下水中铁含量由投产初期的 9.86mg/L 增加到 33.06mg/L,悬浮物含量由 21.30mg/L 增加到 61.0mg/L。常规前期预处理工艺抗冲击性差,来水进入处理装置后,对滤料和过滤设备污染严重,滤料和滤芯沾有大量黄色水垢,加大反冲洗的水量及延长反冲洗的时间也无法将水垢除去,设备使用寿命受到很大影响,增加了生产运行成本和管理维护强度,影响了常规水质处理工艺的稳定运行,导致处理后的水质超标。为了解决该类区块水质不达标问题,在肇东一联应用了磁分离水处理技术。

磁分离(CoMag)技术全称是加载絮凝磁分离水处理技术,利用化学絮凝、高效磁聚结沉降和高梯度磁分离的技术原理,在磁种加载和外加磁场的作用下,增强絮凝和磁聚结以达到高效沉降和过滤的目的。具体是向来水中投加絮凝剂、助凝剂和磁种,使水中杂质絮凝并与磁种结合,混合产生高密度磁嵌合絮凝体,动用磁种的重力作用使絮凝体高效沉降;磁过滤器在外加磁场作用下,磁性介质表面产生高梯度磁场,捕集经过它的磁性颗粒,进一步去除水中杂质。

磁分离处理系统主要由混合罐、澄清罐、磁鼓分离器、磁过滤器和药剂投加装置等设备组成,其核心技术设备是磁鼓分离器和磁过滤器。磁鼓分离器是借助磁鼓的磁力,将磁种吸附在缓慢转动的磁鼓表面,污泥在分离器底部经水冲刷除去,吸附在磁鼓表面的磁种转至上部刮板处刮去,实现磁种与污泥的分离,同时盘面又进入水中,重新吸附周而复始。磁过滤器是以不锈钢毛作为聚磁介质,在强磁场中通过对磁力线的密集或发散,形成高的磁场梯度,杂质受强磁力作用而被吸附在聚磁介质上。

磁分离处理具体流程(图4-19)为:来水进入混合罐,在罐中加入絮凝剂、助凝剂和磁种,混合产生高密度絮状物;充分混合絮凝后,混合物流入锥形底的澄清罐中,磁性絮状物夹带着所有固体颗粒迅速沉淀。沉淀物一部分进入混合罐,以增强絮凝沉降效率,另一部分经磁鼓分离器对磁种和杂质进行分离,分离后的磁种进入混合罐循环使用,杂质排至污泥池。澄清罐出水再经磁过滤器对微小的杂质进一步过滤后出水,出水进清水罐。

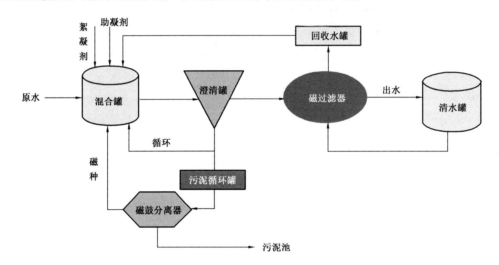

图4-19 磁分离处理工艺流程示意图

磁分离工艺技术参数:絮凝剂投加量为40mg/L,助凝剂投加量为2mg/L,磁粉量为10mg/L。

3. 超滤技术

超滤技术主要应用于注水指标为"5.1.1"(表4-2)水处理工艺中,一般的处理工艺流程为:水源井来水→锰砂过滤→精滤→超滤→外输;或水源井来水→锰砂除铁→精滤→保安过滤→超滤→外输,膜过滤器前加一级袋式保安过滤器,以进一步过滤水中的黏土和胶体,提供稳定的来水水质保证膜的使用寿命。

1)聚偏氟乙烯膜

该种材质膜在松一、松二水质站进行了应用,处理工艺均为:水源井来水→锰砂过滤→精滤→超滤膜过滤→注水。聚偏氟乙烯膜运行情况见表4-7。该工艺自动化程度高,可实现全自动控制运行。

表 4-7 聚偏氟乙烯膜运行情况表

站名	设计产水 （m³/d）	实际产水 （m³/d）	孔径 （μm）	过滤方式	反冲洗方式	反冲洗周期 （min）	反冲洗时间 （s）	错流率 （%）
松二水质站	1400	1000	0.1	外压错流	气水混合	30	90	6
松一水质站	1200	450	0.03	外压错流	气水混合	30	90	8

松二水质站应用的超滤膜在进水悬浮物含量为 1.6mg/L、含铁量为 0.2mg/L 的情况下，出水悬浮物含量达到 0.6mg/L，粒径中值为 0.8μm，含铁量为 0.1mg/L。松一水质站应用的超滤膜在进水悬浮物含量为 1.3mg/L、含铁量为 0.3mg/L 的情况下，出水悬浮物含量达到 0.4mg/L，粒径中值为 0.9μm，含铁量为 0.2mg/L。两套超滤膜出水悬浮物含量及粒径中值均稳定达到了"5.1.1"指标（表 4-2）。

滤膜过滤方式均采用外压式错流过滤，反冲洗均采用气水混合方式，在错流率为 6% ~ 8%、反冲洗周期为 30min、反冲洗时间为 90s 的条件下，化学清洗周期为 150 ~ 170d，并且采用酸碱交替加次氯酸钠组合化学清洗后，膜通量基本恢复。

2）磺化聚醚砜膜

磺化聚醚砜膜应用地点为双一水质站，设计产水量为 700m³/d，实际产水量为 550m³/d，过滤孔径为 0.03μm，过滤方式为内压式错流过滤，处理工艺为：水源井来水→锰砂过滤→精滤→超滤膜过滤→注水。自动化程度高，可实现全自动控制运行。

超滤膜在进水悬浮物含量为 2.0mg/L、含铁量为 0.3mg/L 的情况下，出水悬浮物含量为 0.5mg/L，粒径中值为 0.3μm，含铁量为 0.2mg/L。膜过滤装置出水悬浮物及粒径中值稳定达到了"5.1.1"指标（表 4-2）。

超滤膜反冲洗一般采用水力反冲洗方式，在跨膜压差上升 0.06MPa 以上时，采用酸碱交替加次氯酸钠组合化学清洗。在错流率为 47%、反冲洗周期为 60min、历时 60s 的情况下，化学清洗周期为 75d，并且采用酸碱交替加次氯酸钠组合化学清洗后，膜通量可恢复到 98.1%。

3）聚四氟乙烯膜

葡四联超滤水质站在已建精细过滤流程的基础上，增设了一级超滤膜处理工艺，使处理后水质达到"5.1.1"标准（表 4-2），超滤膜采用聚四氟乙烯膜。投产后，葡四联超滤水质站运行平稳，过滤方式为下进上出，反冲洗为上进下出，流程自动化水平高，管理方便。在保证出水水质的情况下，运行负荷率高。运行初期，正常运行的罐负荷率可达到 152%。目前正常运行的罐在负荷为 117% 时仍能保证水质。在来水悬浮物含量为 1.98 ~ 2.56mg/L、粒径中值为 1.52 ~ 1.80μm 的情况下，滤后水的悬浮物含量为 0.53 ~ 0.97mg/L，粒径中值为 0.48 ~ 0.89μm，均达到了特低渗透水质"5.1.1"标准（表 4-2）。

4）应用注意事项

（1）中空超滤膜技术过滤精度高，需要严格控制进水水质达标。另外，超滤膜进口悬浮杂质含量较高时，膜清洗周期短，不利于膜长期稳定运行。

（2）根据不同的水质，优选适合的过滤、反冲洗、清洗等工艺方式，可以控制膜污染程度，以延长清洗时间和使用寿命。采用外压错流过滤结合气水反冲洗方式较为适合对膜污染的控制,膜的化学清洗采用酸碱交替加次氯酸钠组合方式较为适合,膜通量恢复性较好。

（3）在膜停运时间较长时（大于7d）,应对膜丝采取药剂浸泡措施,防止膜污染严重,不利于清洗再生。

（4）膜组件正常运行时膜两侧压差应不大于0.2MPa;化学清洗时,应避免与NaOH、H_2O_2等药剂直接接触,同时清洗时应控制管线的压力,以免压力过高引起化学药品喷溅。

（5）超滤膜属于精细过滤设施,需对其提高认识;加强超滤膜精细管理,对进口水质应定期进行检测分析;加强对操作人员的培训,使之正确使用,从而保证超滤膜稳定运行。

第三节 杀菌技术

油田注水系统中细菌的危害主要有两个方面:一是细菌体和繁殖产物沉积导致注水水质的污染和地层堵塞;二是硫酸盐还原菌（SRB）在设备、管线和地层中繁殖时产生大量硫化物,导致管线设备严重腐蚀。目前,大庆外围油田注水杀菌方法主要采用物理方法和化学方法。物理方法主要利用仪器杀菌,成本较低,利于操作,但设备作用效果易受介质影响。化学方法主要是投加杀菌剂杀菌,具有见效快、效果好、作用时间长等优点,但长时间使用,易产生耐药性,并且成本较高,需要有良好的配伍性。一般在实际应用中,主要采取联合方式进行杀菌,即物理方法和化学方法联合使用,通常使用固定的物理杀菌设备,而在菌群增多时则使用突击加药的化学杀菌方式达到综合杀菌的目的。

一、物理杀菌

物理杀菌按不同原理,主要分为紫外线杀菌、高效氧化催化紫外线杀菌、射线杀菌、高频电流杀菌、变频电磁杀菌、超声波杀菌及离子杀菌等。目前油田常用的有紫外线杀菌和高效氧化催化紫外线杀菌。

1. 紫外线杀菌技术

紫外线杀菌是通过紫外线照射来达到杀菌的目的。微生物细胞中的核糖核酸（RNA）和脱氧核糖核酸（DNA）吸收光谱的范围为240~280nm,而紫外线消毒灯所产生的光波波长恰好在此范围内。放射性的紫外线光被细菌的核酸所吸收,一方面可使核酸突变,阻碍其复制、转变、封锁蛋白质的合成;另一方面,产生自由基,可引起光电离,从而导致细胞的死亡,达到杀菌的目的。

紫外线杀菌装置由紫外线照射腔体和电控箱组成。紫外线照射腔体内装有灯管,紫外线杀菌效果是由光照后存活的菌体数量决定的,而其杀菌能力是由紫外线的照射剂量决定的,因此必须保证一定量的光线照射到细菌上才能有效,所以紫外线的杀菌效果受紫外线灯管的功率、性能和反应器的水力条件决定。

用于清水的工艺流程:来水→紫外线杀菌装置→过滤→外输。

用于含油污水的工艺流程（图4-20）:由于紫外线要求水的透光率大于45%,所以装置只能应用在滤后水管线上。为防止滤料跑料对装置的影响,需在装置前加装过滤器。

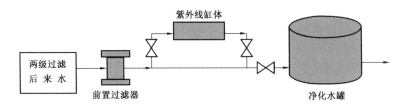

图 4-20　紫外线杀菌装置用于含油污水的工艺流程

紫外线杀菌工艺技术参数:工作压力不大于 8kgf/cm²❶,灯管使用寿命为 10000h,紫外线波长为 254nm。

紫外线杀菌技术应用在清水中杀菌效果好;对于在一般油田采出污水,应用于滤后水效果最佳。当紫外线杀菌技术应用于含油污水中时,要注意滤后水中悬浮固体含量不能过高,悬浮固体不仅吸收、干扰紫外线,使射线量降低,而且隐藏细菌不利杀菌;同时,清洗滤料时要尽量避免使用可溶性的化学物质,以减少对紫外线吸收效果的影响。另外,若紫外线照射剂量不够也会影响杀菌效果,因此应确保照射腔体内灯管的照射强度。

例如,朝阳沟油田分别在朝四清水水质处理站与朝一清水水质处理站应用了紫外线杀菌装置,安装在过滤设备前,处理量 5000m³/d、额定功率 7.6kW,设备现场运行稳定。杀菌装置进口腐生菌平均为 34 个/mL,出口腐生菌平均为 2.25 个/mL,去除率为 93.4%;杀菌装置进口铁细菌 0.25 个/mL,出口不含有铁细菌,去除率为 100%,吨水处理成本为 0.033 元。

2. 高效催化氧化紫外线杀菌技术

紫外线杀菌技术经过大量的现场试验研究,取得了较好的应用效果。但由于单一的紫外线杀菌技术是靠紫外光穿透水体对细菌进行杀灭,而水体的透光率直接影响到紫外线的杀菌效果,特别是在水质条件较差时,由于紫外线的穿透能力下降,导致紫外线的杀菌效率也大幅度下降。前期的室内试验表明当污水中含油量增加到 20mg/L 时,紫外线透光率由 100% 降至45%,导致紫外杀菌效率大幅降低。

近年来,随着光催化氧化技术的发展,光催化氧化(光催化剂)技术逐步被人们所掌握,并应用到实际生活中。光催化氧化是以二氧化钛为代表的具有光催化功能的光半导体材料的总称。这种材料在紫外线的照射下可产生游离电子及空穴,因而具有很强的光氧化还原功能,可氧化分解各种有机化合物和部分无机物,能破坏细菌的细胞膜和固化病毒的蛋白质,具有极强的防污、杀菌和除臭功能。

高效催化氧化紫外线杀菌技术是将多相催化氧化技术(光化学、光催化、光催化氧化和电化学)和紫外线等技术融为一体,通过氧化还原电位变化,产生的氢氧根离子、过氧化氢及羟基自由基和紫外线联合作用,对有机物和微生物进行分解和破坏,有效地杀灭含油污水中的各类细菌。在多项杀菌技术分别作用、相互促进下,实现杀菌效果稳定、运行成本低等目标。

朝阳沟油田朝一联含油污水处理站两级滤罐前安装了高效催化氧化紫外杀菌装置,设计处理规模为 5000m³/d,额定功率为 12.6kW。多相催化氧化紫外杀菌装置调试运行后,设备现场运行稳定。在杀菌装置处理污水含油量为 52.8mg/L、悬浮固体含量为 47.8mg/L 时,杀菌

---

❶ 1kgf/cm² = 98066.5Pa。

装置进口硫酸盐还原菌平均为 440 个/mL,出口硫酸盐还原菌平均为 16 个/mL,去除率为 96.4%,出口菌含量达到要求的 25 个/mL 以下;杀菌装置进口腐生菌平均为 150 个/mL,出口腐生菌平均为 10 个/mL,去除率为 93.3%;杀菌装置进口铁细菌 29 个/mL,出口铁细菌平均为 1.1 个/mL,去除率为 96.2%。

生产数据表明,多相催化氧化紫外杀菌装置安装在含油污水过滤罐前时,未受到水质的影响,菌类去除率高,达到了油田注水要求的指标。

应用的注意事项:控制进入多相催化氧化紫外线杀菌装置的污水中含油量和悬浮物含量,控制含油污水中含油量不大于 200mg/L,悬浮物含量不大于 200mg/L。

二、化学杀菌

化学杀菌方法主要是投加杀菌剂。杀菌剂的杀菌机理有以下三种特征:一是渗透杀伤或分解菌体内电解质;二是抑制细菌的新陈代谢过程,如抑制蛋白质合成;三是氧化配位细菌细胞内的生化过程。

杀菌剂是一类能抑制水中菌藻和微生物的滋长,以防止形成微生物黏泥,对系统造成危害的化学药品。按杀菌的机理,一般可分为氧化型杀菌剂和非氧化型杀菌剂。氧化型杀菌剂,如氯气、次氯酸钠和臭氧均为强氧化剂,通过与细胞内的酶发生强氧化作用,使蛋白质中的氨基酸氧化分解而死亡。非氧化型杀菌剂,如季铵盐在水中电离后带正电荷,容易吸附在带负电荷的微生物表面,并渗透到微生物内部,破坏细胞结构,使微生物死亡。季铵盐类非氧化性杀菌剂往往兼具杀菌、剥离、缓蚀等多种作用,已广泛应用于油田水、工业冷却水等方面。

1. 二氧化氯杀菌技术

考虑到二氧化氯对磁铁矿的腐蚀作用,一般加药点设在滤后水的汇管。二氧化氯发生器设备由主机反应器及两个原料罐组成。系统工艺由供料系统、反应系统、控制系统、负压吸收系统和安全保护系统组成。将氯酸钠(GB/T 1618 标准,纯度不低于 99%)固体颗粒放入搅拌器,配制成 33% 浓度的氯酸盐水溶液,与工业合成的盐酸(GB 320,标准浓度不低于 31%)分别吸入两个原料罐内,经高精密计量泵注入二氧化氯发生器进行负压曝气反应,生产出二氧化氯杀菌剂,用压力不低于 0.6MPa 的动力水经水射器混合后自动投加到处理水体中。

在油田采出水处理中,采用二氧化氯杀菌方式,加药浓度约为 40mg/L。当含油污水溶解状态的有机物含量较高时,加入氧化型杀菌剂二氧化氯后,可将有机物氧化成无机物悬浮在水中,增加了悬浮物的含量。如果投氯量高于 60mg/L 时才可见到余氯时,此污水不宜用氧化型杀菌剂。

新肇联含油污水深度处理站应用了二氧化氯杀菌方式(图 4-21)。在注水站注水储罐入口设置二氧化氯的投加点,水样取样点分别为原水、滤后水、注水泵进口水以及井口注入水。

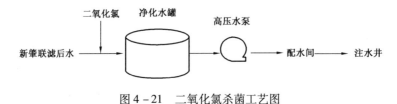

图 4-21 二氧化氯杀菌工艺图

经检测,二氧化氯对硫酸盐还原菌有较好的杀灭效果,硫酸盐还原菌的达标率稳定在80%以上。二氧化氯对硫酸盐还原菌的杀灭效果最好,其次是细菌总数,铁细菌效果较差。当投加二氧化氯40mg/L以上时,平均杀菌率在90%以上,但腐蚀率随着二氧化氯投加浓度的增加而逐步增强。综合考虑三类细菌的杀灭效果、硫化物去除效果、腐蚀率及余氯残留情况,二氧化氯余氯浓度不宜太高。一般维持井口余氯浓度为0.05mg/L左右。

2. 季铵盐类杀菌剂

因为含油污水深度处理站的污水来水多呈碱性,季铵盐类杀菌剂应用也较为广泛。大庆外围油田的杀菌剂主剂主要有1227、1427和戊二醛。杀菌剂一个月替换一次使用,同时,为严格控制进入地层的菌含量,定期用高浓度的杀菌液冲洗在用的注水设备及管线,以彻底杀灭吸附在井筒壁的细菌,避免回注污水在井下的二次污染。季铵盐类杀菌剂加药浓度为100~120mg/L。杀菌剂的加药方式主要有连续投加和间歇投加两种方式。加药点一般设在污水处理系统的进站来水处。为确保注水水质,有时也在污水处理的滤后或注水泵进口设加药点。

朝一联含油污水深度处理站属于水驱含油污水深度处理站。2000年6月改造后,杀菌方法采用化学杀菌剂方法,药剂投加剂量为60mg/L,采用连续加药方式,基本解决了菌类治理问题。加药后,腐生菌和铁细菌平均值分别为60个/mL和35个/mL,达到了900个/mL以下的指标;硫酸盐还原菌平均值为25个/mL,基本达到了指标要求。

在杀菌剂的应用上要注意以下几方面:

(1)杀菌剂要与其他水处理剂配伍,不能与其他水处理剂反应抵消其效果。

(2)杀菌剂要具有良好的溶解性,加入杀菌剂后不至于影响水质,既不能增加水中的胶体颗粒数,又能均匀溶解于水中,且清澈透明。

(3)同一个污水处理系统应间隔选用不同种类的杀菌剂,以免细菌产生耐药性,确保杀菌剂的效果。

(4)杀菌剂最好是高效低毒,易降解,无环境污染。

(5)污水处理系统加入杀菌剂后,要定期取样,按常规方法进行细菌计数,随时调整加药方式和加药浓度,确保杀菌剂的杀菌效果。

第四节　高效处理设备及装置

一、横向流聚结除油器

1. 设备结构

横向流聚结除油器主要由聚结板区、分离板区和聚结元件区三部分组成,如图4-22所示。

2. 工作原理

含油污水首先经过交叉板型的聚结板区,使分散的小油珠聚并成大油珠,小颗粒固体物质絮凝成大颗粒,然后聚结长大的油珠和固体物质通过具有独特通道的变流速横向流分离板区,油珠浮至上板的底面,沿通道导入除油器的顶部进入油箱中;污泥及固体物质落至下板的表

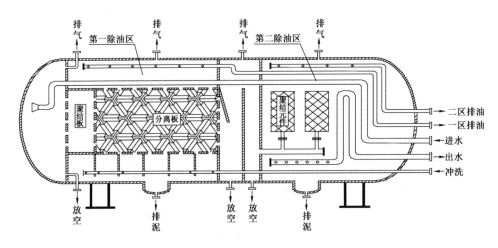

图4-22 横向流聚结除油器结构图

面,沿通道下滑至板底部进入泥漏斗中;处理后的水沿水平方向流动进入聚结元件区再次进行聚结分离。在进行油、水、固体物质分离的同时,还可以进行气体(天然气)的分离。

3. 技术参数

(1)设计压力不大于0.6MPa。

(2)水力截面负荷8～12m³/(m²·h)。

(3)有效停留时间不大于60min。

(4)水头损失不大于0.1MPa。

(5)处理介质温度为25～55℃(有机填料)或25～90℃(不锈钢填料)。

4. 操作要点

(1)来水中含油和悬浮物的含量应控制在要求范围内,且来水稳定。

(2)设备运行中,要定期对顶部排气阀进行排放,防止设备顶部产生集气。排放周期夏季宜每天一次,冬季宜3～5d一次。

(3)正常生产时,不允许突然打开排油阀,以避免设备突然降低压力或破坏设备内的油水界面。设备前系统压力调节要求平缓,调节幅度不能太大,避免设备超压操作。

二、气浮选装置

1. 设备结构

气浮选装置主要由溶气部分、布气部分、导流部分、加药部分、收油部分及集水部分等构成,如图4-23所示。

2. 工作原理

气浮除油技术就是在一定条件下向污水中通入空气,产生微细气泡,利用气泡吸附携带污水中的油珠和微细悬浮状的物质上浮使其与污水分离,以达到净化污水的目的。此技术具有独特的布气及布水系统,改变了溶气水的布局,使原本无序的气泡通过恒压分流变成有序均衡分布;在混合曝气区,大量的油及大颗粒杂质被20～40μm的微细气泡带到水面;溶解于污水

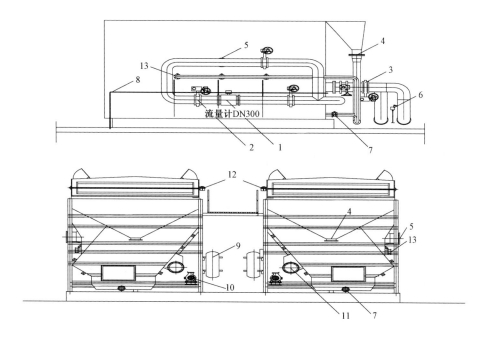

图 4 – 23　气浮选装置结构简图

1—进水流量计;2—进水电动阀;3—出水电动阀;4—排油口;

5—进水口;6—取样口;7—下排泥阀;8—压缩气管;

9—溶气罐;10—溶气泵;11—出水口;12—刮油机;13—上排泥阀

中的硫化物等有害物质在带压气泡的吹脱作用下由液相变为气相被去除。在布气区,污水中细小的颗粒及乳化状态的油,被均衡分布的气泡黏附后迅速浮出水面被去除。

3. 技术参数

气浮除油的工艺技术参数:处理量为 500m³/d 时,恒压气浮装置溶气量为 3.0m³/h,气泡直径 20 ~ 40μm,处理液停留 20min。处理量为 4500m³/d 时,恒压气浮装置溶气量为 20.0m³/h,气泡直径 20 ~ 40μm,处理液停留 45min。

4. 操作要点

(1)根据处理来水的水质情况,应适当加入浮选剂,以控制油珠颗粒的大小,保证处理效果。

(2)合理控制回流水量、吸气量,保证产生气泡量,并且应防止大气泡的产生。

(3)根据实际运行情况,定期收油及排泥。

三、悬浮污泥过滤器

1. 设备结构

悬浮污泥过滤器主要由集水槽、进出水管、污泥收集桶、污泥浓缩室和排泥管等部分构成,装置的内部结构见图 4 – 24。

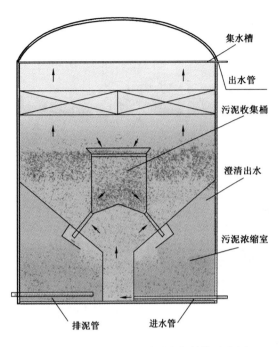

图 4-24 悬浮污泥过滤器内部结构示意图

2. 工作原理

在悬浮污泥过滤器内,通过投加净水剂使污水中部分溶解的污染物和胶体颗粒(包括乳化油)吸附出来,形成微小悬浮颗粒,从污水中分离出来;然后采用絮凝剂和助凝剂将污水中各种胶粒和悬浮颗粒凝聚成大块密实的絮体;根据同向凝聚和过滤水力学等流体力学原理,使絮体和水快速分离;污水经过罐体内形成的悬浮泥层净化之后,再进入过滤室过滤。

污水中的污泥及混凝剂形成的悬浮污泥层,泥层厚度为 200mm,随着絮体由下向上运动,泥层的下表层不断增加、变厚,随着污泥浓缩室澄清水旁路流动,引导着悬浮泥层的上表层不断流入中心接泥桶,上表层不断减少、变薄,使得悬浮泥层的厚度达到动态平衡。絮凝反应形成的致密悬浮絮体作为过滤层,当混凝后的出水由下向上穿过悬浮泥层时,絮体滤层靠界面物理吸附、网捕作用、电化学特性及范德华力的作用,将悬浮胶体颗粒、絮体和部分细菌菌体等杂质拦截在悬浮泥层上,使出水水质达到处理要求。

3. 技术参数

悬浮污泥过滤器:停留时间 1h。

4. 操作要点

(1)在来水水质和水量波动较大的情况下,要及时添加调节药剂,其主要是助凝剂和净水剂,具体调节药剂的量要根据实际絮体情况进行调节。

(2)反冲洗时间一般是由来水的水质及经过污泥层后的高位水质决定的,当高位水的水质好时,反冲洗的时间要短,否则时间要长一点。

(3)每次排泥过程中,要注意污泥罐液位,排泥的时间一般要根据每天处理的水量和水质决定,每次排泥一般不超过 4~5min。

第五章　油田注水简化工艺技术

大庆外围油田注水系统普遍具有以下特点:

(1)注水压力高,一般为 14.0~21.0MPa,局部可达到 25.0MPa 以上。

(2)注入水质要求高,外围油田地层平均空气渗透率多处于 10~100mD,局部区块小于 1mD,对于注水中的含油量和悬浮固体含量、粒径中值都有严格的要求。

(3)单井注水量低,一般外围油田平均单井注水量多为 20~50m³/d,局部区块达到 10m³/d 以下,水量调节比较困难。

(4)同一地区地质条件差异大,注水压力、注水量和注入水质有较大差别。

(5)开发区块分布零散,可依托设施较少。

从开发生产的角度看,外围油田地面注水系统工程的宗旨是为油田开发提供合格的注水条件,包括满足油田注水量、注水压力、注水水质以及注水时效的要求。并在满足开发要求的前提下,通过优化、简化地面设施实现外围油田的经济有效开发。

第一节　注水工艺流程

一、注水工艺

针对外围油田分布零散、区块相对独立、注水压力高、不同区块之间压差大、单井注水量低、对水质要求高的特点,主要采用以下三种工艺。

1. 集中注水工艺

集中注水工艺是在一个或多个区块集中建设注水站,统一对来水进行增压,然后通过站外高压注水管道将高压水输至配水间或井口。但由于高压水需长距离输送,注水管道数量多,地面工程建设投资偏高。

集中注水工艺适用于布井相对集中、注水量相对较大、注水压力和水质要求差别不大的低渗透低产油田。其主要具有如下特点:

第一,集中建站,管理方便,易于与油气处理站或阀组间联合设置,便于集中供热、通信和管理,有利于集中控制。采用大排量注水泵,泵的数量少,设备维护的工作量也相应比较小。

第二,由于系统相对较大,各井之间干扰小,适应性强,便于对注水井网进行调整。

第三,采用集中建站、大口径厚壁钢管高压输送方式建设,投资比较高;注水泵压力相对于部分注水井来说可能过高,不利于分压注水,泵、管之间压差大,系统效率低,单耗较高,运行成本也较高。

2. 分散注水工艺

为简化外围低渗透油田水系统工艺流程,节省投资,提高开发的经济效益,近年来多采用分散注水工艺,针对各区块注水井压力分布特点,分散建设注配间,注配间内用柱塞泵增压后输至注水井井口,从而减少注水管道数量、降低地面建设投资,同时节约能耗。

分散注水适应多断块、较分散油田的开发,由于各断块的注水量和注水压力差异较大,如果统一由一个注水站供高压水,则管网效率、系统效率必然很低,分散建设小站的方式则可有针对性地选择注水泵,提高注水系统效率,达到节电的目的。分散注水工艺主要具有如下特点:

(1)泵设置台数较多,运行可靠性能要求较高,日常管理及维护工作量大。

(2)注水泵分散靠近注水井口,合格水采用低压供水管道输送至注配间,从而较大幅度地降低了管道的基建投资,运行成本也较低。

(3)泵效高,单泵辖注入井数少,工况状态接近,易于达到最佳的能量利用状态,系统效率高,单耗较低。

3. 集中分压注水工艺

针对外围部分油田不同区块之间压差大的特点,采用传统的集中注水工艺时,为满足少数压力高的注水井,必须整体提高系统压力,能耗高,同时站外采用高压注水管道输送高压水,投资也较高。为简化外围低渗透油田注水系统工艺流程,节省投资、降低能耗,一般采用集中分压注水方式。

集中分压注水指在同一油田或同一注水区块,针对不同的注水压力等级,在注水站建设不同压力系统的注水泵,实施分压注水,以降低注水能耗。集中分压注水适用于同一油田或同一区块中,注水井注入压力相差较大的地区。

二、站外工艺

1. 单干管多井配水

大庆外围油田早期多采用单干管多井配水工艺注水。即在区块中心集中建设注水站,在距离相近的一定井数的注水井的中心建设多井配水间;注水站统一升压后高压水由高压注水干线输送至各个多井配水间,并在配水间内进行计量调节,再通过单井注水管线输至各注水井注入地层。单干管多井配水工艺布局示意图如图 5 - 1 所示。

该工艺要求注水干线内的注水压力基本满足所有注水井的压力需求,对于个别高压注水井可采取在配水间增压的方式,该工艺尤其适用于油田开发区块中的面积井网布井形式,生产管理较为方便。

2. 单干管单井配水

单干管单井配水是指注水站升压后的高压水通过单干管输出,再通过与干管相连的各注水支线输至井口,在井口进行计量调节后注入地层。单干管单井配水工艺布局示意图如图5 - 2所示。

该工艺要求注水干线内的注水压力基本满足所有注水井的压力需求,对于个别高压注水井可采取在井口增压的方式,该工艺尤其适用于油田开发区块中的行列井网布井形式以及丛式井集中分布地区,具有工艺简化、节省投资的优点。但由于该工艺需要在井口计量调节,如果注入量小或变化幅度较大会对生产管理带来不便。

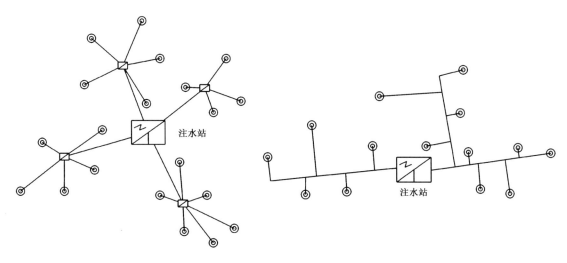

图 5 - 1　单干管多井配水工艺布局示意图　　　图 5 - 2　单干管单井配水工艺布局示意图

第二节　主要设备及装置

一、活动供、注水装置

采用车载式、橇装式供注水装置进行注水,可缩短注水井投注时间,方便灵活,有利于低渗透区块早期注水开发、保持地层压力。与常规注水技术的区别在于,不用建设供、注水管网、配注间等,可以节省投资、简化流程。

1. 工艺流程

水源井来水经计量后首先进入锰砂过滤器,经除铁过滤处理后,进入纤维球精滤器进行深度处理。锰砂过滤器和纤维球精滤器需再生时,反冲洗泵从储水罐吸水升压,对各罐进行反冲洗再生。反冲洗排水由水罐车接收后,运至指定地点排放。纤维球精滤器出水进入储水罐,亦可直接进注水泵,经注水泵升压、控制、计量后,输至系统井网回注。活动供、注水装置工艺流程如图 5 -3 所示。

2. 工艺特点

橇装式供、注水装置在处理工艺上与固定站相同,但为了减少建设投资,在主要处理设备的设立上可采用单组运行的方式,同时设立必要的超越流程,省了一次性建设投资。在反冲洗水处理工艺上相应简化,进一步节省了建设投资。

采用该工艺后,不仅在建设投资上较固定站有所节省,而且由于装置为工厂预制,缩短了施工周期,节省了占地面积;同时橇装式设备便于搬迁和二次利用,相对于固定建站模式,其对开发变化的适应性更强。

3. 适用范围

活动供、注水装置,适用于油田新开发区块进行小型注水试验,待试验结束后,活动供、注

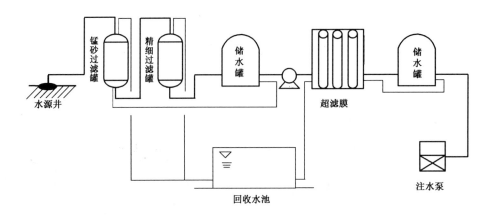

图 5 - 3 活动供、注水装置工艺流程图

水装置还可用于其他开发试验区块注水时使用;同时还适用于无依托的零散井、边远分散区块及现场不方便施工等特殊情况。

4. 设备组成

完整的橇装式供、注水设备由橇装式水处理装置及橇装式注水装置两部分组成,并根据管理的要求辅以必要的电控设施,一般采用地下水作为水源。其中橇装式水处理装置采用锰砂除铁—精细过滤工艺,服务特低渗透层时需要增设超滤工艺。水处理装置内过滤设备反冲洗一般设立固定反冲洗泵,由净化水罐吸水。反冲洗排水在外部水体承接条件较好的区域可考虑由罐车拉运外排的方式;在外部水体承接条件较差的区域,可设立回收水罐,将上清液回收,底部污泥定期清理。注水装置优选泵效较高的柱塞泵作为注水泵,辅以变频器调节水量。

二、高压离心泵

高压离心泵又称多级离心泵(图 5 - 4),目前大庆外围油田在用的多级离心泵为 8~11 级泵,排量为 $100~300m^3/h$,具有排量均匀、压力平稳、结构简单、流量可用阀门调节、维护费用低且管理方便等优点,适用于区块注水量大、注水压力较低的区块,运行效率一般为 70%~80%。在注水压力高而排量小的工况下,高压离心泵效率低、能耗高。

离心泵一般由电动机带动,在启动泵前,泵体及吸入管路内充满液体。叶轮高速旋转时,叶轮带动叶片间的液体旋转,由于离心力的作用,液体从叶轮中心被甩向叶轮外缘,动能也随之增加。当液体进入泵壳后,由于蜗壳形泵壳中的流道逐渐扩大,液体流速逐渐降低,一部分动能转变为静压能,于是液体以较高的压强沿排出口流出。与此同时,叶轮中心处由于液体被甩出而形成一定的真空,而液面处的压强比叶轮中心处要高,因此,吸入管路的液体在压差作用下进入泵内。叶轮不停旋转,液体也连续不断地被吸入和压出。

三、高压柱塞泵

为适应外围低产油田所具有的注水量小、注水压力高、区块间注水压力不均衡等特点,注水系统普遍应用了高压柱塞泵。目前大庆油田在用的高压柱塞泵排量为 $1.0~50m^3/h$。高压柱塞泵与高压离心泵相比,排量较低,水力性能好,可实现高扬程运行,其泵效一般比离心泵

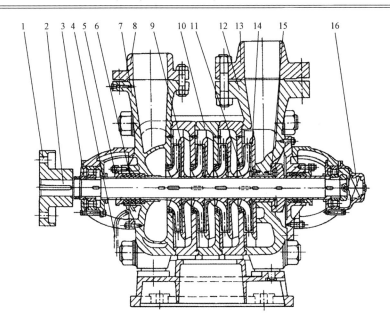

图 5 - 4 高压多级离心泵结构示意图

1—泵联轴器;2—转子部件;3—滚动轴承部件;4—卸水管部件;5—填料压盖;6—填料;
7—前段;8—进水短管;9—导叶;10—中段;11—口环;12—后段;
13—出水短管;14—末级导叶;15—平衡板;16—止推装置

高,实际运行效率可达 85% 以上。同时采用小排量注水泵,在工艺上更容易实现分压注水、清污分注等工艺要求。

高压柱塞泵是往复泵的一种,属于容积式泵,其柱塞靠泵轴的偏心转动驱动,往复运动,其吸入阀和排出阀都是单向阀。当柱塞外拉时,工作室内压力降低,出口阀关闭,低于进口压力时,进口阀打开,液体进入;柱塞内推时,工作室压力升高,进口阀关闭,高于出口压力时,出口阀打开,液体排出。高压柱塞泵主要由运动机构(曲轴、轴承、连杆、十字头、皮带或联轴器等)、工作机构(汽缸、活塞和气阀等)与机身构成(图 5 - 5)。此外,还有三个辅助系统,即润滑系统、冷却系统和调节系统。

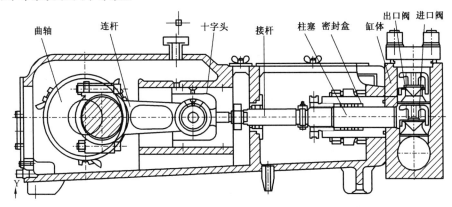

图 5 - 5 高压柱塞泵结构示意图

四、恒流配水装置

集中高压注水、单干管单井配水工艺近年来在大庆外围油田应用广泛,该套工艺简化、投资低,缺点是水量调控困难,易造成超注、欠注现象,还易受到管网注水压力波动的影响,无法做到开发要求的平稳注水。为此,应用了恒流配水技术,该技术克服了集中配注流程中单井相互干扰的问题,解决了因注水压力波动而产生的超注、欠注的问题;无需随时进行现场调节,实现了无人值守,管理费用降低;橇装化预制,结构简单,体积小,可移动,施工周期短。

1. 技术原理

恒流配水装置按工作原理,一般可分为如下6种类型。

1) 弹簧机械恒流配水装置(图5-6、图5-7)

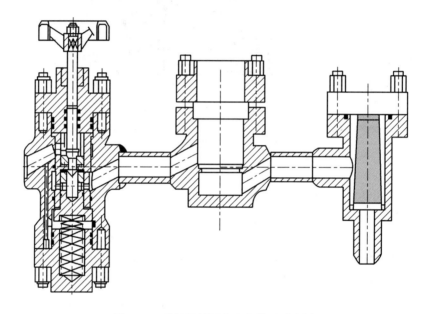

图5-6　弹簧机械恒流配水装置示意图

将过滤、计量、恒流、防盗等功能组合为控制单元。当进出口压差增大时,进出口介质静压作用于活塞的力增大,推动活塞压缩调节弹簧形成新的平衡。同时,活塞和调节套之间节流环截面面积减小,消除压差增大对流量的影响;反之,当进出口压差减少时,进出口介质静压作用于活塞的力减小,调节弹簧推动调节阀杆形成新的平衡,同时,活塞和调节套之间的节流环截面面积增大,消除了压差减小对流量的影响,从而实现恒流。

2) 斜板式高压恒流配水装置(图5-8、图5-9)

采用斜板式水量控制阀,根据不同井的需要进行水量控制,可适用于不同配注量的注水井:在针槽控制段,随着调节杆的移动,槽型过水面积增加缓慢,用于配注量小的注水井;在阀锥控制段,用于配注量大的注水井。

定压控制器中的定压弹簧根据来水压力变化进行收缩,带动柱塞在注水管道中移动,改变出水管的过流面积,实现恒流配水。

图 5-7　弹簧机械恒流配水装置现场安装图

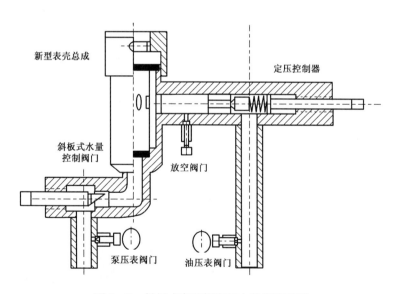

图 5-8　斜板式高压恒流配水装置原理图

3) 自力式稳流配水装置(图 5-10、图 5-11)

借鉴井下恒流堵塞器的原理,利用预压缩弹簧来平衡水嘴前后的压力,使水嘴前后压差保持恒定,从而保证在管网压力波动情况下的恒流配水。

图 5 - 9　斜板式高压恒流配水装置现场安装图

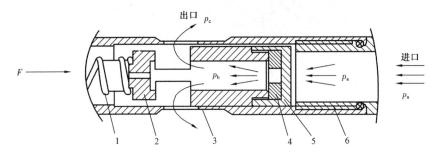

图 5 - 10　自力式稳流配水装置结构原理图

1—定压弹簧;2—柱塞;3—主体;4—水嘴;5—空心螺母;6—滤罩

p_a,p_b,p_c—各个阶段的压力

图 5 - 11　堵塞器型恒流配水装置安装示意图

4）高压恒流配水装置（图 5 - 12）

高压恒流配水装置由过滤器、角式水表总成、取压阀和多级调节阀（整合恒流调节器）组成。调节阀具有调节阀和截止阀两种功能。

（1）过滤器（图 5 - 13、图 5 - 14）：滤出的杂质沉积于杂质收集腔内，打开反冲洗阀即可清除杂质，清洗时间为常规过滤器的一半。

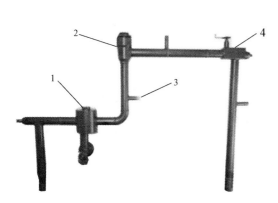

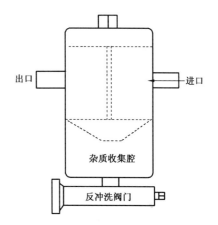

图 5 - 12　高压恒流配水装置安装图

1—过滤器;2—角式水表总成;3—取压阀;4—多级调节阀

图 5 - 13　过滤器示意图

（2）角式水表总成：采用快速更换水表壳体总成，利用专用工具可快速更换水表。

（3）取压阀：可以快速开关，可快速连接压力表迅速取压，同时可作放空阀使用。

（4）多级调节阀（整合恒流调节器）（图 5 - 15、图 5 - 16）：调节阀阀座的材质是轨道钢，调节杆的材质是轴承钢，这两种材质都有较高的强度和韧性，耐磨损，可防冻；正常运行时，大排量调节杆处于关闭状态，水流通过小水道流动，调整微调量调节杆控制水量的大小。洗井时，打开大排量调节杆使水流快速通过。

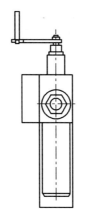

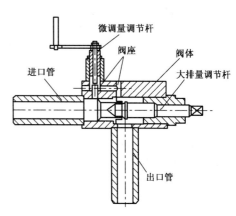

图 5 - 14　过滤器实体图

图 5 - 15　调节阀示意图

5）高压流量自控仪（图 5 – 17）

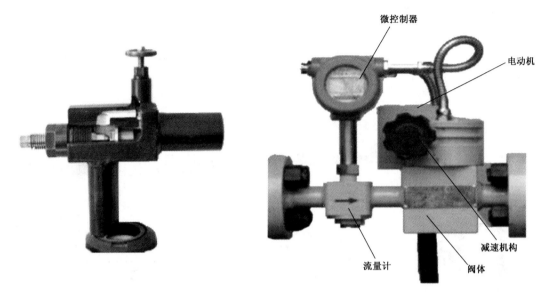

图 5 – 16　调节阀实体图　　　　　　　图 5 – 17　高压流量自控仪图

将流量计、流量阀及控制器组合为一体,通过按键设定流量值,控制器对瞬时流量值和设定值进行比较,发出指令驱动电动机正旋或反旋来控制电动多级调节阀,使瞬时流量接近或等于设定值。

6）高压集成注水装置（图 5 – 18）

图 5 – 18　高压集成注水装置

高压集成注水装置是由自平衡式截止阀、调节阀、防盗水表、过滤器、取样器放空阀等组成,是将注水压力及流量的测定与控制集于一体的装置。该装置具有安装方便（只有进、出管线两道焊口）、一体化组合后占地空间小（长度 800mm,高度 500mm）以及具有专用的水表保护套等优点。

2. 应用效果

恒流配水装置经过现场试验和推广,在大庆外围油田得到了很好的应用,基本解决了单干管单井注水工艺调节水量困难的问题。

第三节　节　能　技　术

一、柱塞泵低压变频技术

柱塞泵的泵出口压力与外网压力有关,当柱塞泵电动机的转速由 n_1 变到 n_2 时,其排量 Q、扬程 H 及轴功率 P 的变化关系为:

$$\begin{cases} Q_1/Q_2 = n_1/n_2 \\ H_1/H_2 = 1 \\ P_1/P_2 = n_1/n_2 \end{cases}$$

由上式可知,排量与转速成正比,扬程与转速无关,轴功率与转速也成正比。由此可见,调速节能原理是通过变频器调节电动机的转速,在扬程不变的条件下,对水量进行调节,实耗功率也随之降低。

目前在用的柱塞泵变频设施大多运行正常、技术成熟,设备功率大部分为 $7.5 \sim 200\text{kW}$,实际运行频率为 $30 \sim 50\text{Hz}$,柱塞泵变频范围为 $60\% \sim 100\%$,节能效果为 $10\% \sim 15\%$,效益显著。在外围油田独立建设的注水站及注配间,使用柱塞泵变频技术可有效解决实际注水量与油藏配注量匹配困难的问题,已收到明显的效果。

由于柱塞泵具有外输扬程不随冲次变化的特点,该项技术主要适用于对流量进行调节的系统,通过对柱塞泵实施变频措施,实现了调节流量的目的。在工程实践中通常采用"一托二"的建设方式,降低建设投资;对于小功率注入泵变频,采用橇装化设计,以便重复调配使用。

二、离心泵变频节能技术

当离心泵的转速由 n_1 变到 n_2 时,其相似工况点排量 Q、扬程 H 及轴功率 P 的变化关系为:

$$\begin{cases} Q_1/Q_2 = n_1/n_2 \\ H_1/H_2 = (n_1/n_2)^2 \\ P_1/P_2 = (n_1/n_2)^3 \end{cases}$$

由上式可知,离心泵排量与转速成正比,扬程与转速的二次方成正比,轴功率与转速的三次方成正比。即当转速发生微小变化时,将引起排量发生同等变化,扬程及功率发生较大变化。由此可见,通过变频器调节泵的转速,可对流量、扬程及功率进行调节。

由于开发参数及输送介质性质变化等原因,离心泵在输液过程中,泵的工作特性与管路的工作特性并不能够完全匹配,泵管压差较大,使一部分电能消耗在克服节流部件的阻力上,注水单耗上升。通过变频调节电动机转速,改善机泵工况,降低排量,实现减少电能消耗的目的。根据现场工况的不同,其调速范围为 60% ~ 100%。

三、前置喂水泵调速技术

近年来,大庆油田应用前置喂水泵调速技术,实现了降低系统压差的目的,该技术与注水泵高压变频相比,可在实现节能目标的同时大幅度降低建设投资。

1. 技术原理

前置喂水泵调速技术的原理是将现有多级离心式注水泵拆级后,新建一台排量与主泵相同、扬程较低(一般为 1.6MPa)的前置喂水泵与拆级后的主泵串联运行(图 5 - 19)。泵站系统由一台注水泵、一台增压泵、注水泵驱动电动机、增压泵驱动电动机及保证泵站安全高效运行的各种控制设备和辅助系统组成。注水泵和增压泵串接,小功率增压泵为注水泵提供吸入压力,以改善注水泵的吸入性能,使注水泵工作在高效区内,并通过计算机、仪表系统、变频调速系统调节增压泵的工作参数,进而调节大泵出口输出压力和流量,起到小泵控大泵的作用。由 DCS 计算机集散系统对整个系统进行监控,自动操作、自动启停,并优化运行。润滑系统、冷却系统及压缩空气系统等辅助系统为主机正常运行提供保障。该系统可根据注水量及压力要求来选择设计不同功率的前置泵调速控制系统。

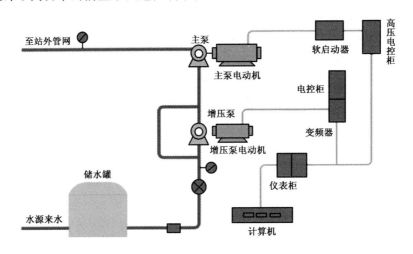

图 5 - 19　前置喂水泵调速原理示意图

前置喂水泵变频技术对注水泵机组的扬程调节范围一般为 0 ~ 1.2MPa,流量调节范围为 -15% ~ 15%,功率为 200kW 左右。主要适用于系统压差较大的高压离心注水泵站的节能改造,通过前置喂水泵调速,可实现降低系统压差的目的。

2. 应用实例

2008 年,采油七厂葡 1 - 1 注水站 2 号注水泵减级并安装前置喂水泵后,同年 6 月前置喂水泵正式投入运行。运行前置喂水泵后,2 号注水泵运行参数见表 5 - 1。

表5-1 葡1-1注水站使用前置喂水泵前后的注水泵参数对比

序号	泵压(MPa)		管压(MPa)		日耗电(kW·h)		变频器日耗电(kW·h)	注水单耗(kW·h/m³)	
	前	后	前	后	前	后		前	后
1	18.1	15.2	15.0	14.6	27000	23040	1320	8.80	7.40
2	18.0	15.2	14.8	14.6	26280	23040	1560	9.70	7.80
3	17.9	15.2	15.0	14.6	27360	21600	1320	9.30	7.20
4	17.9	15.2	14.7	14.6	26640	22680	1320	8.90	7.60
5	17.9	15.2	14.7	14.7	27000	23400	1320	9.30	6.60
6	17.9	15.2	14.7	14.9	27000	22320	1200	9.30	6.60
7	17.9	15.2	14.3	15.0	27360	21960	1320	8.90	6.50
8	17.9	15.2	14.8	15.0	27360	21600	1200	9.03	6.70
9	17.9	15.2	14.0	15.0	27000	22680	1320	8.60	6.80
10	17.8	15.2	15.0	15.0	27720	21600	1320	7.40	7.50
11	17.7	15.2	14.5	15.0	27360	21240	1200	8.50	6.60
12	17.9	15.1	14.9	15.0	27000	21960	1440	8.74	6.76
13	17.9	15.1	14.4	15.0	27360	23040	1440	8.61	6.55
14	17.9	15.2	14.9	14.9	27360	22680	1200	8.76	7.15
15	17.9	15.1	14.5	15.0	27360	22320	1440	8.29	7.84
16	17.9	15.1	14.9	14.9	27000	21600	1200	8.80	6.75
17	17.8	14.7	14.5	14.6	24480	21960	1200	7.30	6.44
18	17.8	14.9	14.5	14.8	28080	22320	1200	8.95	6.94
19	17.8	14.8	14.5	14.0	27720	22680	1200	8.91	6.04
20	17.9	14.7	14.7	14.0	28440	24120	1320	8.56	6.15
21	17.9	14.9	14.6	14.1	26640	23760	1320	8.23	6.45
平均	17.9	15.1	14.5	14.7	27120	22457	1291.4	8.70	6.90

从表5-1可以看出,葡1-1注水站安装前置喂水泵后,泵压平均降低2.8MPa,管压平均降低3MPa,日耗电平均减少3371kW·h,注水单耗平均降低1.8kW·h/m³。

四、离心注水泵涂膜技术

离心注水泵涂膜技术是将泵内主要过流机件进行涂膜,经过高光洁度材料涂层后,减少机械损失,从而提高注水泵效率,节省电耗。离心注水泵涂膜技术首先是对待涂机件进行除锈脱脂、表面处理、净化,然后喷涂底漆、干燥、烧结、喷面漆冷却,最后进行抛光处理。涂膜技术所采用的材料具有耐高温、耐老化、耐腐蚀性及不黏性,摩擦系数小,不导电,喷涂黏结力及附着力较强,能够很好地光滑机件表面。对于一台离心泵来说,对泵体的喷涂机件包括泵壳体、叶轮、导翼、口环间隔套及平衡盘等,经过涂膜后的泵体内部构件光滑度很高,减少了机械损失,还能防止结垢。

泵叶轮涂膜前后对比见图 5-20。

图 5-20　泵叶轮涂膜前后对比图

大庆外围油田各采油厂都进行了注水泵涂膜应用。应用结果表明,该项技术一般可提高注水泵效 2%~4%,平均提高泵效 3%,平均降低注水单耗 0.15kW·h。该项技术可结合已建机泵大修维护时配套使用,性能稳定,可在泵的大修周期内实现泵效不下降,有效地保障了节能效果。

第六章　油水处理化学药剂

第一节　原油集输及处理化学剂

一、防蜡剂

十八烷以上烷烃(通常称为"石蜡")含量高的原油在井筒、地面输送管道、储罐,甚至油藏中都会产生蜡状沉积物,导致油井产油能力和管道输量下降。蜡状沉积物的主要成分为含$18 \sim 40$个碳原子的直链或支链烷烃,其中也含有一些环烷烃和芳香烃(如沥青质),甚至还圈闭有少量无机物质(如砂、垢沉积物)和水。主要由直链烷烃形成的蜡状沉积物具有形状规则的针状粗晶结构,而支链烷烃和芳香烃含量高的蜡状沉积物多为微晶结构。管道中沉积的蜡状沉积物多具有粗晶结构,而储罐底部的蜡沉积物多具有微晶结构。

蜡状沉积物的起因为石蜡在原油中的溶解度下降,过饱和而以晶体形式从原油中析出。大多数情况下,石蜡在原油中溶解度的下降是由于温度下降引起的,但在压力降低造成原油中轻组分损失的情况下,十八烷以上烷烃在原油中溶解度也会下降。蜡状沉积物的形成机理包括分子扩散、剪切分散和重力沉降三种机制。分子扩散机制控制着溶解在原油中的石蜡分子向结蜡表面的迁移和定向排列过程,主要发生在层流流态和静止状态下;剪切扩散机制主要发生在湍流流态下,控制着悬浮在原油中的已析出的石蜡晶体向结蜡表面的迁移和附着过程;重力沉降机制控制着储罐中悬浮在原油中的已析出的石蜡晶体向罐底部的迁移和沉积过程。

石蜡开始从原油中以晶体形式析出的温度称为析蜡温度或浊点。蜡状沉积物的形成必须具备下列两个条件中的一种或两种:

(1)原油的温度低于析蜡点。

(2)结蜡表面温度低于析蜡点。

为抑制和减缓井筒和地面输油管道中的石蜡沉积,除采取加热、保温、电磁防蜡等物理措施外,也可以采取在井筒或输油管道中投加防蜡剂的化学防垢措施。根据其作用原理,防蜡剂可分为以下三类:

(1)蜡晶改性剂。通过参与和干扰石蜡烃的结晶过程来阻止蜡晶三维网络的形成。常用的活性成分主要有乙烯—醋酸乙烯酯共聚物、聚甲基丙烯酸酯、马来酸酐—α烯烃共聚物、马来酸酐—苯乙烯共聚物。

(2)蜡分散剂。通过吸附在蜡晶表面上减弱蜡晶间相互黏结的能力而起作用,这类药剂主要是重芳香烃等有机溶剂。

(3)表面活性剂。主要通过形成水为外相的油水体系而起作用,部分种类的表面活性剂还可进入蜡沉积物中破坏蜡晶的三维网络。

大庆油田所产的原油以石蜡基原油为主,含蜡量高,凝点高,黏度高。外围油田部分产出液含水率低于转相点的油井结蜡速度高，热洗清蜡效果持续时间短，投加防蜡剂可显著延长油井的清蜡周期。对于产出液含水率为 25%～70% 的油井，主要投加表面活性剂型防蜡剂；对于产出液含水率低于 25% 的油井，主要投加蜡晶改性剂型防蜡剂。表面活性剂型防蜡剂一般采用定期批加到油井环套空间中的加药方式，也可在井口安装加药装置进行连续点滴投加，但开始点滴投加前需要先进行批加，以在油井油套环形空间中形成一定高度的浓药区。有效物含量高于 5% 的蜡晶改性剂型防蜡剂一般凝点高、黏度大，主要采取定期批加到油井油套环形空间中的投加方式。

二、清蜡剂

除注入热水和热油进行井筒清蜡外，油井井筒中的蜡沉积物也可采用注入可软化或溶解蜡沉积物的清蜡剂的方式进行清除。清蜡剂中起溶解蜡沉积物作用的溶剂主要有重芳香烃、柴油、石脑油和萜烯。为防止被溶解的石蜡在降温过程中发生二次沉积，常在溶剂中加入少量蜡晶改性剂。在选择用于油井井筒的清蜡剂时不仅要考虑其溶蜡能力，还需要确认其密度大于油套环形空间中原油的密度，以保证其能运移到需要清蜡的部位。

大庆油田应用的清蜡剂以重芳香烃溶剂为主，其中加入 0.5%～2% 蜡晶改性剂，主要用于产出液含水率低于 25% 的油井，加注方式为用泵批加到油井油套环形空间中。

三、降凝剂

石蜡基原油的温度降低到析蜡点温度以下后开始析出石蜡晶体，随着温度进一步降低，蜡晶尺寸和数量逐渐增大，原油的黏度也随之增大。当原油中的石蜡晶体可以形成三维网络结构后，原油的黏度急剧增大并出现屈服值，逐渐失去流动性，导致原油管输压降和能耗急剧增大。为改善原油在低温下的流动性，可在其中投加降凝剂以降低其凝点和低温下的黏度，改善其在低温下的流动性。降凝剂中的活性成分主要有醋酸乙烯酯—乙烯共聚物、聚丙烯酸酯、聚甲基丙烯酸酯、马来酸酐—苯乙烯共聚物，其共同特点为均同时带有直链烷基侧链和极性基团，作用原理为降凝剂大分子上的直链型烷基侧链参与石蜡分子的结晶，嵌入石蜡晶体的结晶核中或结晶表面上，阻止石蜡晶体的进一步长大和聚集，防止石蜡晶体在原油中形成三维网络结构。

降凝剂在作用原理和化学成分上都与蜡晶改性剂接近，事实上所有降凝剂都可用做蜡晶改性剂，但并不是所有蜡晶改性剂都可用做降凝剂。

多数降凝剂必须在原油中的石蜡晶体析出前就加入，加入降凝剂的原油在有蜡晶析出后不能出现急剧降温或温度回升，否则其降凝和降黏效果会显著下降或完全丧失。要保证或恢复降凝剂的降凝和降黏效果，通常必须将原油加热到高于析蜡点 10～20℃ 的温度，以使其中的石蜡晶体完全溶解。

降凝剂主要用于油井和原油的长输管道输送。降凝剂产品中的有效物含量一般为 5%～20%，加药量为 50～1000mg/L。有效物含量高的降凝剂产品在室温下为凝胶状态或黏度过高，因此其加药装置一般需要具有加热功能。

大庆油田部分外围区块油井产液量和井口出油温低，甚至可低于原油的凝点，导致油井举升能耗高、抽油机频繁断杆、地面集油管道因掺不进水而凝堵等问题。为解决上述问题，研究人员开发了可显著降低原油凝点和低温下黏度的降凝降，同时为改善降凝剂产品在低温下的流动性能,提高其有效物含量,便于向油井油套环形空间中加药,研制了有效物含量为20%的O/W/O多重乳液型降凝剂产品,在现场应用中解决了部分外围低产油井投产初期举升困难的问题。

四、原油乳化降黏剂

与不含水油和油包水型原油乳状液相比,水包油型原油乳状液的连续相为低黏度的水相,具有较低的黏度。在原油集输过程中,通过投加表面活性剂,将管道中的油水混合物转变为具有动态稳定性的水包油型乳状液可显著降低管输压降和能耗,同时也可显著降低原油的集输温度。出于上述目的,具有形成和稳定水包油型原油乳状液功能的表面活性剂称为原油乳化降黏剂。根据应用对象的不同,原油乳化降黏剂应具有如下功能中的一种或几种:

(1)稳定水包油型原油乳状液,即降低管道中流动条件下油滴的尺寸。

(2)提高管壁的水润湿性,在管壁上形成水膜。

(3)降低原油乳状液的转相点含水率,即有助于形成水包油型原油乳状液。

(4)使油包水型原油乳状液破乳,转变成水包油型原油乳状液。

除上述功能外,原油乳状液还不应干扰后续水包油型和油包水型原油乳状液的破乳。

原油乳化降黏剂的作用原理和化学成分与部分表面活性剂型防蜡剂相同,一些原油乳状降黏剂也可用做防蜡剂。原油乳状降黏剂中的活性成分主要有聚醚型非离子表面活性剂、磺酸盐型阴离子表面活性剂、硫酸盐型阴离子表面活性剂和羧酸盐型阴离子表面活性剂。

原油乳化降黏剂在石蜡基原油和稠油矿场集输和稠油的长距离管输中均有应用,在大庆油田主要应用于原油矿场低温集油过程中。根据油品性质和油井的蜡沉积情况,原油乳化降黏剂的加药方式主要有两类:一类是将原油乳状降黏剂投加到油井油套环形空间中,其优点是原油乳化降黏剂在井底就开始发挥作用,井筒内和井口处产出液流动性好,不仅有利于地面原油集输,还可抑制井筒的结蜡,降低举升能耗;其缺点是加药点多、分散,劳动强度大,雨季施工难度大。另一类加药方式是将原油乳化降黏剂投加到地面掺水中,其优点是只需要在转油站内设置一个加药点,便于生产管理;缺点是不能发挥原油乳化降黏剂的井筒防蜡和降黏作用,不论是否需要所有掺水的油井产出液中均投加药剂,造成药剂浪费。油井油套环形空间投加原油乳化降黏剂情况下按纯油量计的加药量为100～300mg/kg。

大庆油田在2000年前后曾经在全油田2000余口油井上实施了投加原油乳化降黏剂的低温集油,集油系统掺水温度由原来的60～75℃降低至35～45℃,集油过程吨油自耗气下降幅度达到9.8m³,取得了显著的节气节能效果。后随油井产出液含水率上升到90%以上,大多数情况下不需要投加原油乳化降黏剂就可实现低温集油,原油乳化降黏剂的应用范围逐渐缩小,主要限于在单管集油和部分掺水情况下油井出油压力过高的特殊情况下应用。

五、防垢剂

垢沉积物是指牢固附着在管道、设备和岩石表面上的具有一定硬度的沉积物。原油生产系统中的垢沉积物以钙、锶、钡的碳酸盐和硫酸盐为主。铁的氧化物和硫化物(铁垢)也可形成垢沉积物。高温油井和蒸汽锅炉中还可能出现以硅酸盐为主要成分的垢沉积物。垢沉积物中也常圈闭有蜡、沥青质等低硬度的物质。垢沉积物可出现在注水井、油藏、油管柱和地面生产设施等原油开采的各个环节中,导致注水量和产油量下降、管道输量下降和压降增大、换热器换热效率下降、加热炉加热能力下降甚至烧损等问题。

垢沉积物的主要成因为水中溶解的矿物达到过饱和并以结晶形式析出。温度变化、压力变化及成分不同的水流之间的混合均可导致水中溶解矿物的过饱和。铁垢的形成也可以是由腐蚀产物的沉积或硫酸盐还原菌滋生产生的。

碳酸盐和硫酸盐垢等结晶态垢的形成一般需要经过离子对形成、成核和晶体生长三个环节,在水中没有悬浮的固体颗粒及与水接触的避免光滑的情况下,需要有一定数量的离子对聚集并定向排列才能形成结晶核心,此后晶体就会从结晶核心处开始长大。与水接触的粗糙壁面和水中悬浮的固体颗粒均可为晶体析出提供结晶核心,加速过饱和矿物晶体的析出,结垢表面上结晶核心的数量越大,垢沉积物的形成越快。

为抑制垢沉积物的形成及其危害,可采取水质软化、脱硫酸根、电子防垢、永磁防垢、电磁防垢和化学防垢等措施,其中在原油开采中应用最广的为化学防垢,即投加防垢剂进行防垢。

按其作用原理,防垢剂中的活性成分可分为以下三大类:

(1)晶体生长抑制剂。该类药剂主要通过干扰晶体的成核和抑制晶体生长而起到减缓垢沉积的作用,其中最常用的是磷酸盐、膦酸酯和膦酸盐等含磷化合物。

(2)分散剂。该类药剂主要通过减弱晶体颗粒之间的相互作用而减少其沉积,其中最常用的是聚丙烯酸、聚马来酸酐和聚乙烯基磺酸等聚羧酸的盐及其共聚物。一些聚合物类的垢分散剂也有良好的晶体生长抑制作用。

(3)螯合剂。该类药剂通过与参与成垢的金属离子结合成水溶性的螯合物抑制沉淀物的产生和沉积,其中最常用的是 EDTA。

含氮和含磷的防垢剂因氮原子和磷原子具有孤对电子而具有一定的减缓腐蚀的作用,部分产品也称为缓蚀防垢剂。

大庆油田油藏水和注水的硬度和硫酸根含量普遍偏低,采油系统的垢沉积问题不十分严重,发生垢沉积的主要部位为转油站掺水加热炉和地面掺水管道,所采取的防垢措施为在掺水加热炉进水中投加防垢剂,加药量为 $40 \sim 80mg/L$。

六、破乳剂

油井中产出的原油大多数含有地层水和注水,为稳定或不稳定的油水乳状液。油田开发初期的油井产出液多为油包水型原油乳状液,即水滴分散在原油中的油水乳状液;随着油田注水开发的实施,油井产出液的含水率逐渐增大,其乳状液类型也由油包水型转变为水包油型,即油滴分散在水中的油水乳状液。

油井产出的原油在出矿前必须进行脱水处理以降低原油输送的能耗,防止输油管道被水润湿造成的腐蚀和结垢。大庆油田原油出矿前的含水率控制指标为不超过 0.3%。

原油乳状液的稳定性主要取决于原油乳状液的类型、原油的黏度以及其中天然乳化剂的成分。油包水型原油乳状液的稳定性一般高于水包油型原油乳状液,两种类型的原油乳状液的稳定性均随原油中胶质、沥青质和硫化亚铁等具有油水双润湿性的机械杂质微粒含量增大而增强,油包水型原油乳状液的稳定性一般随原油黏度增大而增大。

为降低原油脱水设施的投资和能耗,原油脱水过程中一般要加入可促进原油乳状液破乳和油水分离的化学剂——破乳剂。破乳剂的主要活性成分为表面活性剂,其作用机理主要为改变油水界面膜的性质,促进水滴和油滴之间的聚集和聚并。

在不特指的情况下,破乳剂一般是指用于油包水型乳状液脱稳的破乳剂,即所谓的"正相"破乳剂。正相破乳剂通常由破乳剂单剂和溶剂复合而成。按其功能和作用原理,正相破乳剂单剂可分为聚集剂(如环氧乙烷环氧丙烷嵌段共聚物)和聚并剂(如乙氧基化烷基酚醛树脂)两类,前者主要用于将水滴聚集在一起形成聚集体,加速其下沉,后者的作用主要是破坏水滴间的油膜,使水滴合并。

为加速水包油型原油乳状液的破乳和油水分离,尤其是降低分离游离水的含油量和其中水包油型原油乳状液的稳定性,降低后续采出水的除油难度,可以在水包油型高含水采出液中投加促进水包油型原油乳状液脱稳的破乳剂,即通常所谓的"反相"破乳剂。由于反相原油乳状液的连续相为水相,油水界面靠近水相一侧存在扩散双电层和由此产生的阻碍油珠之间相互接近的静电斥力,反相破乳剂在作用机理上与正相破乳剂之间的主要区别是反相破乳剂必须具备压缩或破坏油水界面扩散双电层的作用。为此,反相破乳剂的活性成分多含有可有效中和油珠表面上的过剩负电荷的高阳离子度有机聚合物。在水包油型高含水采出液中含有大量带有负电荷的阴离子型聚合物和固体微粒的情况下,应慎用高阳离子度反相破乳剂。高阳离子度阳离子型反相破乳剂易造成阴离子型聚合物和固体微粒吸附在油水界面上,进而进入反相原油乳状液油水分层后形成的低含水油层中,影响后续低含水油包水型原油乳状液的电脱水和热化学脱水,在此情况下,反相破乳剂的主要活性成分应采用弱阳离子型有机聚合物、非离子型有机聚合物、阴离子型有机聚合物或两性有机聚合物。由于反相破乳剂一般对低含水油包水型原油乳状液没有破乳作用或破乳作用过弱,在投加反相破乳剂的同时一般还需要投加正相破乳剂,正相破乳剂的加药点一般在游离水脱除器的下游,辽河油田和胜利油田部分联合站在游离水脱除器(罐)上下游均投加正相破乳剂。

为充分发挥破乳剂的作用效果和改善原油脱水效果,在油井汇管和转油站到原油脱水站间集油管道中有充分停留时间的情况下,一般会在油井汇管和转油站处设置破乳剂加药点,以利用集油管道内的停留时间和分散相液滴之间的碰撞机会,使分散相液滴聚并,加速脱水站内的油水分离过程。

针对大庆油田进入高含水开发期后油井产出液以水包油型原油乳状液为主的特点,研究人员研发了对高含水采出液兼有反相原油乳状液破乳和后续低含水油包水型原油乳状液破乳双重功能的一类特殊类型的破乳剂,即所谓的"油水分离剂"。油水分离剂的工作原理为其中同时含有具有反相破乳功能的水溶性活性成分、具有正相破乳功能的油溶性活性成分及亲水性溶剂和疏水性溶剂,将其加到水包油型采出液中后,水溶性活性成分可快速溶解在水连续相中,并快速扩散和吸附到油水界面上促进油珠之间的聚集和聚并;油溶性活性成分则与疏水性溶剂形成悬浮在水连续相中的乳液滴,通过乳液滴与油滴之间的聚并将油溶性正相破乳成分传递到油相中,便于后续低含水油包水型原油乳状液的电脱水和热化学脱水。在正常工况下,在水包油型采出液中投加油水分离剂就可满足采出液游离水脱除和后续电脱水的需要,不需要在低含水油包水型原油乳状液中补加正相破乳剂。在污油(老化油)回掺处理造成电脱水器运行波动等特殊情况下,需要采取在低含水油包水型原油乳状液中投加污油破乳剂等临时措施。

大庆油田所产的原油以石蜡基原油为主,产出液中的天然界面活性物质含量低,所需的破乳剂加药量低,按油井产出液量计的破乳剂加药量⋯⋯⋯⋯~/L。

第二节　水处理化学药剂

一、除氧剂

油田在注水开发的早期甚至中后期,均可能需要注入地表水和浅层地下水等含氧清水,如果不去除其中的溶解氧,会造成注水管网、井筒的腐蚀以及好氧菌在油藏中的繁殖,堵塞油藏孔道。因此,含氧清水在进入注水管网前均需要进行除氧处理。清水除氧一般采用物理脱氧和化学除氧相结合的方法,先采用物理方法脱除水中的大部分氧,再加入除氧剂去除水中残留的低含量氧。

油田注水中投加的除氧剂主要有联氨、亚硫酸氢铵、亚硫酸氢钠和亚硫酸钠,其中以亚硫酸钠应用最普遍。为加速除氧剂与氧的反应,一般要在除氧剂中加入钴盐、锰盐和苯醌等催化剂。除氧剂与氧的反应符合化学计量学,理论上 $1mg/L$ 的溶解氧需要消耗 $7.88mg/L$ 亚硫酸钠,实际应用中为确保除氧效果,除氧剂的用量均过量,亚硫酸钠与溶解氧的比例为 $10:1$。

二、清水剂

原油脱水设施中分离出的采出水,在回注前需要去除其中残留的细小油滴和悬浮固体微粒,以防止其堵塞注水井炮眼和油藏孔道。一般情况下,采出水中的油滴和悬浮固体微粒表面均带有过剩的负电荷,在其表面到水体之间存在一个正负电荷局部不平衡的扩散双电层。在油滴和悬浮固体微粒相互接近的过程中,扩散双电层相互重叠,由此产生的远程静电斥力是采出水中油滴和悬浮固体能稳定地悬浮在水中的主要原因。此外,油珠表面上还吸附有硫化亚铁和碳酸钙等具有油水双润湿性的固体微粒,这些微粒在油珠表面上的密度超过临界值后,便形成了阻止油滴之间相互聚并的空间屏障,在此情况下,油珠之间不能相互聚并成大油滴,而只能形成松散的次稳态聚集体。

为提高采出水处理设施的处理能力和效率,可在采出水处理过程中投加除油剂(反相破乳剂)、混凝剂、絮凝剂、助滤剂和浮选剂等可促进采出水中油滴和悬浮固体微粒脱稳的化学剂。上述药剂的命名和分类并不是严格的,在很多情况下,这些药剂是相互重叠和可以互用的。

除油剂也称为反相破乳剂,其功能主要是促进采出水中油滴之间的相互聚集和聚并。除油剂中的活性成分以阳离子型聚电解质为主,少数情况下也可以采用非离子型聚合物、阴离子型聚合物和两性聚合物。由于采出水中的油滴和悬浮固体微粒表面都带有过剩的负电荷,部分悬浮固体颗粒还吸附在油滴表面上或嵌入油滴内部,因此除油剂,尤其是阳离子型除油剂,也同样具有去除悬浮固体微粒的作用。

混凝剂多为三价铝盐和铁盐,主要通过电性中和、双电层压缩和氢氧化物絮体网捕作用使水中悬浮的油珠和悬浮固体脱稳。由于铁离子可与硫离子反应生成硫化亚铁微粒,在采出水中硫化氢含量高的情况下,应慎用含有铁盐的混凝剂。与絮凝剂相比,混凝剂加药量和作用后产生的絮体量大,仅适用于含油量低的采出水,以避免混凝絮体上浮或悬浮在水体中。

絮凝剂为有机和无机阳离子型聚合物,其中以聚合氯化铝和阳离子型聚丙烯酰胺等阳离子型聚电解质为主,少数情况下也可以采用非离子型聚合物、阴离子型聚合物和两性聚合物。阳离子型絮凝剂主要通过电性中和、架桥和电荷补丁使油珠和悬浮固体颗粒形成聚集体而便于被沉降和过滤工艺所去除。实际应用中,为提高絮凝剂的清水效果,常将有机絮凝剂和无机絮凝剂或混凝剂一起应用,如在投加无机絮凝剂和混凝剂后投加阴离子型有机絮凝剂,为减少加药点和简化药剂投加,也可将其复配在同一个配方中形成所谓的"复合絮凝剂"。与混凝剂类似,无机絮凝剂和复合絮凝剂作用后产生的絮体量大,仅适用于含油量低的采出水,以避免混凝絮体上浮或悬浮在水体中。与无机絮凝剂和复合絮凝剂相比,有机絮凝剂加药量小,产生的絮体量低,主要适用于含油量高的采出水,在此情况下其作用与除油剂是相同的。

助滤剂多为阳离子型聚电解质,主要通过改变滤料表面的荷电状态,增大其与水中杂质的吸引力,促进油滴和悬浮固体微粒之间的聚集和聚并来提高过滤截留效率。助滤剂中应用的阳离子型聚电解质与有机阳离子型絮凝剂和除油剂相似,部分情况下三者可以互用。为避免滤料污染和反冲洗频度加大,助滤剂中应慎用无机絮凝剂和混凝剂。

采出水处理中应用的浮选剂与除油剂接近,其活性成分以阳离子型聚电解质为主,少数情况下也可以采用非离子型聚合物、阴离子型聚合物和两性聚合物,为控制气泡尺寸,也可加入少量具有发泡和稳泡作用的表面活性剂。由于气浮过程中采出水中的油滴和悬浮固体微粒大部分上浮,浮选剂中应慎用无机絮凝剂和混凝剂,避免回收污油中机械杂质过高,影响后续污油的净化处理。

有机阳离子型聚合物和无机混凝剂均会与含聚合物采出水中的阴离子型聚合物反应,不仅造成药剂加药量增大,所产生的黏稠絮体还会造成滤料污染以及水处理过程中产生的污油中机械杂质含量增大,在含聚合物采出水处理中应慎用阳离子型电解质,尽量采用非离子型有机聚合物和阴离子型有机聚合物作为清水剂。

大庆油田采出水处理中应用的清水剂主要有有机絮凝剂、复合絮凝剂和无机絮凝剂,加药点一般设在混凝沉降罐的进水管道上。含聚合物采出水处理中应用的主要是弱阳离子型有机絮凝剂,液体稀释产品的有效物含量一般不大于2%,加药量为10~50mg/L;现场溶解分散的固体产品的加药量为0.5~5mg/L。外围区块不含聚合物采出水处理中应用的主要是无机絮凝剂和复合絮凝剂,加药量为10~200mg/L。

三、滤料清洗剂

用于油田采出水处理的深床过滤器经过一定时期运行后颗粒滤料表面会附着垢沉积物、油污、生物黏膜等难以通过常规水反冲洗除去的杂质。为改善滤料的水反冲洗效果,可在过滤器反冲洗水中投加表面活性剂等辅助药剂促进滤料表面附着物的剥落,其中以表面活性剂的应用最多。

滤料清洗剂中的表面活性剂大多对采出水中的油滴有稳定作用,在过滤器反冲洗排水回掺到水处理设施进入循环处理的情况下,滤料清洗剂用量过大会导致过滤器进水水质恶化。因此,在实际应用中应合理安排滤料清洗剂的用量和使用频度,一般每周不超过一次。

大庆油田采出水深床过滤器反冲洗过程中应用的滤料清洗剂以非离子型表面活性剂和阴离子型表面活性剂为主,加药点为过滤器反冲洗水提升泵进口管线,加药量为50~200mg/L。

四、杀菌剂

在油藏注水开发过程中,注水管网、井筒和油藏中均可能滋生有大量微生物,其中的一些细菌,尤其是产酸菌和硫酸盐还原菌会造成严重的管道和设备腐蚀以及油藏孔道的堵塞。据估计,石油工业中15%～30%的腐蚀问题,其源头都是微生物。

为减轻注水管网和井筒的腐蚀及腐蚀产物造成的注水水质恶化,抑制注水井炮眼和近井地带岩石表面上附着微生物膜堵塞孔道,需要有效控制注水系统中的微生物繁殖,可采取的措施包括投加杀菌剂、紫外线照射、生物膜抑制、周期性改变注水的离子强度及生物竞争排斥技术等,其中以杀菌剂的应用最普遍。

根据其作用原理,杀菌剂可分为以下两类:

(1)氧化型。这类药剂通过使微生物体内一些和新陈代谢有关的酶发生氧化而杀灭微生物,其中常用的有氯、次氯酸钠、溴素、臭氧和二氧化氯等。

(2)非氧化型。这类药剂通过吸附在细胞表面上影响细菌的呼吸作用或进入细胞体内破坏细菌体内的生物合成而杀灭微生物,其中常用的有戊二醛、丙烯醛、甲醛、季铵盐、异噻唑啉酮、咪唑啉、五氯酚、二溴次氨基丙酰胺、四羟甲基硫酸磷、二硫代氨基甲酸盐、三羟甲基硝基甲烷、2-溴-2-硝基-1,3-丙二醇和双胍等。

氧化型杀菌剂主要用于还原性物质含量低的注水,如清水和海水,由于其用量小、价格低,可连续投加。

回注采出水中的还原性有机物含量高,所需的氧化型杀菌剂的用量和费用过高,投加的杀菌剂以非氧化型中的戊二醛、四羟甲基硫酸磷、异噻唑啉酮和季铵盐为主,其中四羟甲基硫酸磷和异噻唑啉酮只适合硫化氢含量低的回注采出水。为防止细菌产生耐药性影响杀菌效果,多采取不同种类非氧化型杀菌剂(如戊二醛和季铵盐)交替投加的方式。非氧化型杀菌剂的价格和费用高,连续投加费用过高,多采取间歇投加的方式。其优点是加药量和费用低,可有效控制注水管道、井筒和注水井近井地带岩石表面上附着的菌膜和微生物腐蚀;缺点是加药间歇回注采出水中的游离细菌不能得到控制。根据细菌危害程度,加药周期为2～15d,每次的加药时间为4～8h,加药量为90～350mg/L。

第七章　管道应用技术

大庆外围油田应用的各类管道以金属材质为主,也有一定比例的非金属管道应用。常见的内腐蚀性介质主要有溶解氧、细菌、微量的 CO_2 及矿物质,介质腐蚀性较低,油田开发至现阶段集输油管道内壁一般不采取防腐措施,采用裸管直接输送的模式。注水管道为保证注水水质,一般采取内涂环氧粉末等内防腐措施,防腐结构和类型比较简单。按照腐蚀过程的特点和机理划分,油田钢质管道腐蚀可分为化学腐蚀、电化学腐蚀和物理腐蚀;按照腐蚀破坏形式,油田钢质管道腐蚀可分为均匀腐蚀和局部腐蚀,其中局部腐蚀又可分为孔蚀、电偶腐蚀、晶间腐蚀、细菌腐蚀、垢下腐蚀、氢脆和应力腐蚀开裂等类型。

大庆外围油田的管道应用技术比较重视管道的外防腐和保温技术,根据土壤腐蚀性等级分区,管道外壁通常采用以防腐层为主、阴极保护为辅的方式进行联合保护。按照腐蚀环境划分,油田钢质管道外部腐蚀可分为大气腐蚀、土壤腐蚀、地下水腐蚀和内部介质腐蚀;

第一节　管道外防腐技术

一、管道外防腐层选用原则和基本要求

在选用管道外防腐层时,应综合考虑管道建设、运行环境、组织施工以及与阴极保护协调性等因素,选择技术、经济可行的外防腐层。管道外防腐层由管体防腐层和焊缝补口防腐层构成,选择防腐层还应考虑管体防腐层和焊缝防腐层的强度对等、结构一致等问题。一些特定的环境对外防腐层的性能有特殊要求,在外防腐层选择和使用上应特别注意,例如:

(1)水下管道要求防腐层不仅要能在水下长时间稳定,还要确保在水流冲击下有可靠的抗蚀性及较高的机械强度。

(2)沼泽地区土壤含水率高,含有较多的矿物盐或有机物、酸、碱、盐等,防腐层选用时应考虑细菌腐蚀的可能。季节变化时,土壤发生冻胀严重,沼泽地区防腐层的介电性及化学稳定性要求更高。

(3)用顶管法敷设穿越段的管道,防腐层必须有较强的抗剪切及耐磨的性能,在长期使用不修理时仍能保证可靠的抗蚀能力。

(4)管道通过沙漠地区时,选择防腐层时应考虑盐渍土、高温及风沙等环境变化,选择耐热和抗紫外线辐照、耐磨、抗风蚀性能的防腐层。

(5)管道通过高寒冻土地区时,选择防腐层时应考虑寒冷气候和冻土地质条件,选择具有低温冲击韧性、低温断裂延伸率、低温弯曲性能及冻融循环抗力性能较好的防腐层。

埋地管道所处的环境决定了管道外防腐层应具备以下基本性能:

(1)良好的电绝缘性。

(2)良好的黏结力。

（3）良好的抗透气性及渗水性。

（4）良好的耐久性、耐土壤腐蚀性。

（5）良好的抗力学性能及耐土壤应力作用。

（6）与阴极保护系统的协调性。

（7）与管道补口、补伤的配套性。

（8）储存稳定性。

二、管道外防腐技术

控制埋地钢质管道外腐蚀的主要技术是外防腐层加阴极保护联合保护方式，某种程度上，防腐层质量决定着管道的使用寿命。管道外防腐层技术从煤焦油磁漆、石油沥青、聚乙烯胶黏带发展到 FBE、聚烯烃类等合成树脂类防腐层，现阶段 FBE 和聚烯烃类防腐层是防腐层市场的主流产品。

我国应用的管道防腐层基本实现了标准化，技术参数指标基本与国际一致，已建国内长输管道的防腐层主要采用熔结环氧粉末、三层聚烯烃和少量的煤焦油磁漆；油田内部主要集输管道的防腐层多采用熔结环氧粉末、三层聚乙烯，非主要管道的防腐层材料仍然为石油沥青类；城市供水、供气管道的防腐层材料则一般多采用环氧煤沥青和防腐胶带。

大庆油田管道外防腐层技术伴随着这个发展历程而发展、应用，外围油田管道的外防腐层技术主要采用了石油沥青、环氧煤沥青防腐及外缠聚乙烯胶带防腐，以及二层、三层结构聚乙烯防腐。

1. 石油沥青防腐层

石油沥青由于其材料来源广泛，成本低，钢管表面热处理条件要求不高，施工简单，在管道防腐的发展史上占有相当重要的位置。前苏联地区大量使用石油沥青防腐层，我国从 20 世纪 50 年代的第一条克拉玛依—独山子长输管道到 70 年代的东北输油管道等都采用了石油沥青防腐层，由此开始了石油沥青防腐层在我国应用的历史。

石油沥青是原油分馏的副产物，主要成分为脂肪族直链烷烃，防腐能力一般，用于对涂层性能要求不高的一般土壤环境，如沙土、黏土等，适用温度为 $-15 \sim 80℃$。在沼泽、水下、盐碱土壤等强腐蚀环境、土壤应力较大的环境中及植物根茎发达地区慎用。随着聚乙烯、环氧粉末等管道防腐技术的出现，石油沥青防腐层已逐渐被替代，国内仅限于区域内小型管线工程上使用。石油沥青防腐管结构见图 7-1。

2. 环氧煤沥青防腐层

环氧煤沥青防腐蚀涂料以环氧树脂和煤沥青作为基料，与填料、颜料和稀释剂等合成双组分防腐蚀涂料，在我国仍保留有单独的环氧煤沥青防腐层技术标准，欧美国家及国际组织采用统一的液体环氧涂料管道防腐层

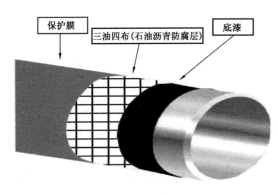

图 7-1　石油沥青防腐管结构

标准。

目前标准规定的溶剂型环氧煤沥青涂料,施工需多道涂装,固化时间长,施工周期较长,施工过程中溶剂挥发,对工人健康及环境有一定的危害。环氧煤沥青涂层为薄涂层,不耐搬运和磕碰,且防腐层电阻低于其他涂层,增加了阴极保护的投资成本,使用过程中(尤其热管道)绝缘性能下降很快,阴极保护电流增加,运行成本增加,从长远来看,不经济。

溶剂型环氧煤沥青涂料可用于小规模管径较小的管道工程,穿越套管及金属构件的防腐,用于对涂层力学性能要求不高,但要求耐水、微生物及植物根茎的地区。在多石土壤、石方段、强土壤应力区及大规模大口径管道工程慎用,适用温度低于110℃。

3. 防腐带

油田常用的防腐带主要有聚乙烯胶带及沥青基防腐带。

聚乙烯胶带防腐体系由底漆、内防腐带和外保护带构成,在世界管道防腐应用有40多年的历史,应用成功与失败的案例都很多。聚乙烯胶黏带通常采用机械或机具冷缠方式施工,在使用中出现的问题主要是防腐层下出现气隙的可能性及数量较多,压边黏结的紧密程度差,防腐层较软、抗损伤能力低,与钢管和背材的黏结强度较低,防腐层黏结力在高温或低温时都可能下降,使用温度应进行严格的限制。

沥青基防腐带配套厚浆型底漆,热烤缠绕施工,使石油沥青与热熔底漆有效融合,通常在一些复杂的工艺管道或管道更换上应用。

尽管防腐带在使用过程中出现过很多问题,尤其是黏结力低、防腐层对阴极保护电流屏蔽的问题,但由于胶带防腐层施工简便,可机械化缠绕作业,也可手工缠绕,在一些复杂的工艺管道或异形件上应用方便,且防腐层成本低,在现代管道防腐涂装和防腐层更换方面将保留一定的位置。

4. 熔结环氧粉末(FBE)

20世纪70年代,熔结环氧粉末在阿拉斯加管道上的成功应用标志着熔结环氧粉末(FBE)时代的开始。因熔结环氧粉末具有良好的黏力、绝缘性、抗土壤应力、抗老化以及与阴极保护配套性好等优点,使其成为20世纪90年代世界管道首选防腐层,90年代后期国内在忠武输气管道、西南成品油管道等大型工程上也得到成功应用,逐步成为国内管道主流防腐层。

FBE是由环氧当量为700~1000、相对分子质量分布较窄的固态环氧树脂、固化剂及多种助剂经混炼、粉碎加工而成的,属热固性材料。涂敷时将管体加热至220~230℃,采用静电喷涂方式用喷枪把涂料喷到管体表面上,受热熔融黏结并经冷却固化成型。防腐层厚度为300~500μm。可用于大部分土壤环境,特别适用于定向钻穿越极黏质土,在碎(卵)石土壤、石方段、地下水位较高、土壤含水量较高的地区慎用或禁用。适用温度为-30~110℃。

尽管它有抗机械冲击性能较差、吸水率偏高等缺点,但仍不愧为较理想的防腐材料,国外曾对长期潮湿环境下运行的FBE保护管道进行调查,即使防腐层内部出现气泡,也没有发生腐蚀现象,因FBE防腐层与阴极保护协调性好,管道得到有效的阴极保护而免受腐蚀。

5. 聚烯烃防腐层

20世纪60年代,在管道防腐层上,美国开始研究应用FBE,德国及欧洲大陆开始研究应用挤塑聚乙烯防腐层(二层聚乙烯),发现聚乙烯的屏蔽影响后,发展了多层结构的理论,将聚乙烯和环氧两种极性对立材料有效结合起来,形成三层聚乙烯结构。

二层聚乙烯结构为钢管—沥青丁基橡胶/聚合物黏结剂—聚乙烯,沥青丁基橡胶是传统的黏结剂,依靠材料的黏弹性质与钢管表面结合,聚合物胶黏剂与聚烯烃相容性好,与钢管表面形成相对较强的结合,成为二层聚乙烯结构目前主要的黏结剂。二层聚乙烯结构的优点是力学性能优异,绝缘性能好,机械强度高,吸水率低,抗透湿性强,耐化学介质浸泡性能好,耐土壤应力好,补口与补伤方便;其缺点主要有黏结力不是很好,温度较高时黏结力大幅度下降,失去黏结后易造成阴极保护屏蔽,阴极保护失去保护作用。

图7-2 三层聚乙烯管道示意图

二层聚乙烯结构可用于大部分土壤环境,特别是机械强度要求高、土壤应力破坏作用较大的地区。在架空管段要慎用,由于其对钢管黏结较差,温差较大的地区也应慎重考虑。

三层聚乙烯结构为钢管—环氧防腐层—黏结剂—聚乙烯(图7-2),应用趋势为FBE150μm以上,黏结剂200μm以上,使用中密度或高密度聚乙烯,聚乙烯密度、管径和管道运行条件决定了防腐层总厚度。该结构将FBE良好的防腐蚀性能、黏结性、高抗阴极剥离性和聚烯烃材料的高抗渗性、良好的力学性能和抗土壤应力等性能结合起来,防腐性能优良,目前已成为应用量最大的管道防腐层。

三层聚乙烯防腐层的主要缺点是施工工艺复杂,国内仅限于管道预制,现场补口补伤及管件防腐很难实现真正意义上的三层聚乙烯结构,国内主要采用热收缩带/套补口补伤,出现补口防腐层等级低于主管线防腐层等级的现象,使补口处成为整条管道的薄弱处,成为腐蚀多发点。

三层聚乙烯防腐层适用于对涂层力学性能、耐土壤应力及阻力屏障性能要求较高的苛刻的环境如碎(卵)石土壤、石方段,以及土壤含水率高、生物活动频繁、植物根系发达地区。架空管段慎用。管线最高运行温度取决于聚乙烯和黏结剂的软化点,标准通常规定常规聚乙烯防腐层管线运行温度低于50℃,耐高温聚乙烯防腐层管线运行温度低于70℃。

对于复杂地域及苛刻的环境,选用二层/三层聚乙烯结构更有意义,这种防腐层虽然一次性投资大、工艺复杂、成本高,但其绝缘电阻值极高,管道的阴极保护电流密度每平方米只有几微安,大幅度降低了阴极保护设备的安装和维护费用。

6. 防腐层发展趋势

目前,国外的防腐层发展趋势,对于FBE防腐层侧重于提高防腐层耐热性、抗冲击性及防腐层固化特性;对于聚烯烃防腐层开发应用新的防腐层结构,如加拿大Brederoshaw公司开发的HPCC防腐层,该防腐层结构与3LPE相同,从内到外依次为熔结环氧粉末底层、黏结剂和聚乙烯层,只是三层结构均采用粉末喷涂工艺涂装,使胶黏剂和底层FBE及胶黏剂和外层聚乙烯,紧密黏结,无毛刺和明显界面层,如同单涂层系统一样不会产生分层现象。与3LPE涂层相比,HPCC 具有不易失黏、无最小厚度限制及涂覆简单等优点,而与同样作为粉末类涂层的 FBE 涂层相比,HPCC 防腐层在流动性、抗冲击、抗老化、抗阴极剥离等方面的性能亦有明显优势。

第二节　非金属管道应用技术

非金属管道作为一类新型的管道材料,具有优良的耐蚀性和水力特性,内壁光滑,摩阻系数低、输送能耗及安装维护费用低,不需阴极保护,使用寿命长,综合经济效益好等优点,已在油田建设中得到广泛应用。

20 世纪 80 年代末,缠绕玻璃钢管道首先用于青海油田和胜利油田注水和污水处理工程,而后在大庆、长庆、辽河、克拉玛依、江汉等油田推广应用,有效解决了管道腐蚀等问题。随着高压玻璃钢管在油田的应用,钢骨架塑料复合管、柔性复合高压输送管及塑料合金复合管等四大类 10 余种非金属管道也相继投入使用。非金属管道主要用于油田内部的集油、输油、集气、输气、供水(含清水、污水、聚合物母液)及注入(注水、注醇、注三元、注聚合物)等系统中,在解决管道腐蚀、减少管道维护工作量、降低管道建设工程建设投资等方面起到了重要作用。

据不完全统计,截至 2012 年底,大庆油田在用各类非金属管道总长度已达 13015km,占油田已建地面管道的 13.5%;外围油田应用各类非金属管道达 5989km,占全油田非金属管道用量的 46%,有效地缓解了金属管道的腐蚀及介质污染等问题。

由于各类非金属管材具有不同的成型工艺、结构性能、保温结构和技术特点,因此其使用环境、介质种类、介质温度、工作压力及施工方式、维护条件等方面也各不相同。

一、非金属管道的技术特点及应用现状

1. 高压玻璃钢管道

1)技术特点

"玻璃钢"是国内的俗称,国外称为"玻璃纤维增强塑料",简称 GRP。高压玻璃钢管即玻璃纤维增强热固性塑料管,是将预浸酸酐固化或胺固化的环氧基体树脂的纤维束,按照一定的缠绕工艺,以一定的张力逐层连续缠绕到芯模上,通过内加热固化、修整脱模而成的管道。

玻璃钢管道强度高,承压性能优良,最高承压能力可达 28MPa,管道内壁光滑,防污抗蚀,不易结垢结蜡,输送能耗低,对输送介质无二次污染;质量小,螺纹连接,安装、运输方便。

高压玻璃钢管道包括酸酐固化玻璃钢管和胺固化玻璃钢管,最大直径为 DN200mm,主要用于集输油、掺水、热洗管道,工作压力不大于 6.3MPa;注入管道工作压力不大于 25MPa。其输送介质温度应根据介质的组成选用,用于输送油田常规介质时,酸酐固化玻璃钢管最高使用温度为 80℃,长期使用温度不大于 65℃;胺固化玻璃钢管最高使用温度为 93℃,在碱性介质中长期使用温度不大于 65℃。

2)应用情况

高压玻璃钢管道的环氧树脂基体具有较高的机械强度、良好的耐化学腐蚀性、优良的黏结性、绝缘性、防水性、良好的耐温性能和承压性能,因此被广泛应用于北方高寒地区油田、南方水域地区油田以及西部沙漠、戈壁、丘陵地区油田。

酸酐固化玻璃钢管于1994年7月首先在大庆油田地势低洼强腐蚀地区的两口注水井(南7-40-621井和南7-40-624井)上进行了试验应用,井口注入压力13.1MPa,管线埋深2.1m,经过14年的生产运行仍完好无损。玻璃钢管道在注水系统的成功应用,为非金属管道在油田工程建设中的推广起到了示范性作用,随后开始在注入管线和集输油管线应用了高压玻璃钢管道,并且,应用量逐年增加。据不完全统计,截至2008年底,油田在用的玻璃钢管道总长度已达3095km,在泄洪区、低洼地区充分发挥了高压玻璃钢管道耐内外腐蚀的优势,有效地缓解了金属管道的腐蚀及输送介质被二次污染等问题。

2. 钢骨架塑料复合管

1)技术特点

钢骨架塑料复合管包括钢骨架聚乙烯塑料复合管、钢丝网骨架塑料复合管和孔网钢带塑料复合管。该类管道是以聚乙烯为内、外层,钢丝或钢带编织/缠绕而成为增强骨架,通过特殊工艺成型的复合管,以法兰和电熔两种方式连接。

钢骨架聚乙烯塑料复合管:采用低碳钢丝编网并高速点焊、塑料挤出填注同步成型技术,长期输送介质温度不大于70℃,工作压力不大于4.0MPa,最大管径为500mm。

钢丝网骨架塑料复合管:以钢丝左右螺旋缠绕成型的网状骨架为增强体,内、外层为高密度聚乙烯基体,并用树脂层将三层结构紧密地连接在一起而形成的复合管,长期输送介质温度不大于65℃,工作压力不大于3.5MPa。

孔网钢带塑料复合管:以钢带冲孔后进行焊接成型的管状带孔薄壁钢管作为增强骨架,经注塑中密度聚乙烯塑料而成的一种复合管,工作压力为0.4~5.0MPa,长期工作温度不大于60℃。

2)应用情况

钢骨架塑料复合管内外基体为高密度聚乙烯,其承压低、耐温差,主要用于埋地供水、污水输送、聚合物母液输送管线,在满足介质工作温度、压力等条件下也可以在集油管道使用。1996年大庆油田开始在含油污水、清水管线应用钢骨架塑料复合管,截至2012年底累计应用1429km,从现场运行情况看,该管能够满足集油、掺水、输送聚合物等管道工艺要求,在北方寒冷地区,用于集输系统的管道应需加以保温,冬季掺水管道需增加掺水量以保证回油温度。这种管材价格较高,管径越小的管材和同类产品相比价格越高,同时该管道冻结后会出现冻胀现象,无法采取热力解堵。此外,管线现场连接技术条件要求也较高,需厂家提供专业的设备。

3. 柔性复合连续管

1)技术特点

柔性复合连续管包括柔性复合高压输送管、连续增强塑料复合管和塑钢复合耐高压油田专用管。这三种管道均为连续软管,可盘卷,对敷设地形要求低,无焊口,不会出现因焊口质量不过关而造成渗漏的现象,管道与管件连接处采用特种扣压金属管件进行扣压连接。

柔性复合高压输送管内层为过氧化物交联聚乙烯挤出而成,外层由改性聚氨酯和聚乙烯复合而成,增强层由Kevlar纤维丝(防弹纤维)和工业涤纶丝或钢丝复合而成,经过合股编织/缠绕于芯管上。该管线主要用于注水、注醇、集输气及原油集输等方面。

连续增强塑料复合管与塑钢复合耐高压油田专用管的生产原料和工艺基本相同,其内层均为交联聚乙烯、外层为中密度聚乙烯或高密度聚乙烯,有低压管和高压管之分。

低压管增强层由连续 48 股 $\times$10mm 钢丝编织成网状骨架或以钢带缠绕复合而成,其管径规格还未形成系列化,最大管径为 ϕ84mm $\times$9.5mm,最高公称压力 7.0MPa,长期输送介质温度不大于 85℃,只适用于单井集油、掺水、热洗管线。

高压管的增强层由钢带连续缠绕复合而成,使用压力不大于 25MPa;公称管径为 40~150mm,使用温度为 30~80℃,可以用于单井注水、注聚合物管线及站间集油、掺水、热洗管线。

2)应用情况

自 2002 年起,大庆油田开始使用柔性复合连续管,主要应用在单井集油、掺水、热洗管线及较高温度的污水输送管线。由于该管道的骨架层为连续的金属钢丝或钢带,具有连续导电性能,有效解决了非金属管道在运行过程中的解堵和寻线问题。截至目前,已累计应用 1379km,总体效果较好。因其自身的可连续性,免去了大量的焊接作业,避免了钢管接头焊口渗漏出现腐蚀穿孔问题,较适宜于应用在沼泽、水泡等低洼地单井集输管网中。

但该类型管道的外护层由改性聚氨酯和聚乙烯复合,输送介质温度超过 80℃时,外护层与内衬层收缩率不一致,易造成外护层表面出现收缩隆起现象,使接头处密封失效,介质易从管道端面进入结构层,致使外护层及结构层难以起到相应的作用,因此该管线不适合输送温度大于等于 80℃的介质。

4. 塑料合金防腐蚀复合管

1)技术特点

塑料合金复合管包括塑料合金防腐蚀复合管、玻璃钢增强塑料复合管及中、高压玻璃钢塑料复合管。三种管道均为内衬塑料合金管的玻璃钢管,其耐温性能主要由 CPVC 的含量来确定,输送介质最高温度为 110℃,长期输送介质温度不大于 70℃,最高公称压力 32MPa,集油管道使用压力不大于 6.3MPa,注水和注聚合物管道使用压力不大于 25MPa,采用金属螺纹活节连接。

塑料合金防腐蚀复合管和中、高压玻璃钢塑料复合管内衬层均为塑料合金(由 PVC、CPVC、CPE 等材料共混拉制而成),增强层为不饱和聚酯树脂和无碱玻璃纤维通过特殊工艺缠绕在内衬层上,外表层为富树脂层,主要用于原油集输、掺水、含油污水及注水、注聚合物等埋地敷设管道。

玻璃钢增强塑料复合管内衬层为改性 CPVC,外护层为 PE2480(聚乙烯),增强层为无碱玻璃纤维和环氧树脂合成,通过特殊工艺缠绕在内衬层上,该管道与塑料合金防腐蚀复合管的生产工艺相同,主要用于油田注入系统。

2)应用情况

塑料合金复合管材自 1996 年在胜利油田开始应用以来,经过十多年的发展,现已形成了口径从 DN40cm 到 DN350cm,压力等级从 1.6MPa 到 32MPa 共 60 多种规格的系列产品,应用效果较好,至 2007 年各油田已累计应用 2000 多千米。

大庆油田自 2000 年开始应用塑料合金复合管,截至 2008 年底,累计应用 706.65 多千米,主要用于污水、原油集输及注水管线,最高使用温度为 70℃,压力等级为 2.5~25MPa,总体效果较好。2003 年在采油九厂 425 站外输油系统工程中使用压力 6.0MPa、公称管径为 65mm 的塑料合金复合管 26.6km 输送温度为 67℃ 的介质,从投产至今未出现因材质问题而造成的渗漏现象。但塑料合金复合管结构层为玻璃钢,材质脆,与钢的密度相差较大,当受弯曲应力作用时,易在接口处出现破损,造成渗漏。

二、标准的建立

非金属管道是一种新型的工程材料,因其原材料、生产工艺,结构特点等的不同,其使用的环境、介质温度、压力等方面也具有不同的特点,其应用效果也各不相同。为规范油田工业用非金属管道的产品、工程设计、施工与验收质量,确保油田用非金属管道的工程质量。

自 2002 年起,大庆油田开展了油田常用非金属管道质量控制方法研究,根据各类管道在大庆油田应用的实际情况,通过总结多年来非金属管道在油田应用的种类、结构特点、应用环境及应用效果,以及在油田原油集输、供排水、注水、注聚合物等管道工程的建设经验,结合国内外相关标准,在大量的技术研究和试验论证的基础上,确定了满足产品质量检验及施工周期的关键技术参数、技术指标及评价方法,以及设计选用条件、基本规定、技术界限、计算方法、管道敷设与连接的最佳方式,修正/确定了高压玻璃钢管、钢骨架聚乙烯塑料复合管及钢骨架增强塑料复合连续管的沿程水头损失计算公式,确定了经济合理埋设深度及保温层的最佳经济厚度,并明确了非金属管道的适用条件和技术界限。

在此基础上,制定了高压玻璃钢管、钢骨架聚乙烯塑料复合管及钢骨架增强塑料复合连续管的石油行业标准 SY/T 6770.1—6770.4《非金属管材质量验收规范》和 SY/T 6769.1—6769.4《非金属管道工程设计、施工及验收规范》(表 7-1),使油田常用非金属管道在各自的应用领域用其所长、避其所短,以减少因不合理的使用而造成管道损坏而带来的泄漏、停产等问题。

表 7-1 非金属管道设计规范

序号	标准号	标准名称
		《非金属管材质量验收规范》
1	SY/T 6770.1—2010	《非金属管材质量验收规范 第 1 部分:高压玻璃钢管线管》
2	SY/T 6770.2—2010	《非金属管材质量验收规范 第 2 部分:钢骨架聚乙烯塑料复合管》
3	SY/T 6770.3—2010	《非金属管材质量验收规范 第 3 部分:塑料合金防腐蚀复合管》
4	SY/T 6770.4—2010	《非金属管材质量验收规范 第 4 部分:钢骨架增强塑料复合连续管》
		《非金属管道设计规范、施工及验收规范》
1	SY/T 6769.1—2010	《非金属管道设计规范、施工及验收规范 第 1 部分:高压玻璃纤维管》
2	SY/T 6769.2—2010	《非金属管道设计规范、施工及验收规范 第 2 部分:钢骨架乙烯塑料复合管》
3	SY/T 6769.3—2010	《非金属管道设计规范、施工及验收规范 第 3 部分:塑料合金防腐蚀复合管》
4	SY/T 6769.4—2010	《非金属管道设计规范、施工及验收规范 第 4 部分:钢骨架增强塑料复合连续管》

第三节 管道保温技术

一、聚氨酯泡沫保温

聚氨酯是一类含有重复的氨基甲酸酯链段的高分子化合物。它是一大类聚合物的统称,是由含有—NCO基团的异氰酸酯与含有活泼氢的化合物生成的加聚物。硬质泡沫生产使用的原料有两种:一是异氰酸酯,常用的异氰酸酯是多苯基甲烷多异氰酸酯,它在常温下呈红棕色液体(早先的产品颜色较深,故称作"黑料");二是多元醇组分,该组分是由多种原料混配而成的,其中有聚醚或聚酯多元醇、发泡剂、催化剂、泡沫稳定剂(匀泡剂)以及其他助剂类,这种原料与异氰酸酯相比,颜色较浅,常温下呈淡黄色液体,所以俗称为"白料",也常被标识为 Polyol。

聚氨酯泡沫按照硬度可分为硬质泡沫(简称"硬泡")、软质泡沫(简称"软泡")和半硬质泡沫。硬泡按照施工方式可分为喷涂型硬泡和浇注型硬泡。在生产硬泡时,这两种原料分别被装入各自的罐内,一经混合就会产生化学反应,产生发泡现象。喷涂型硬泡是将经过混合的聚氨酯料喷射到被保温的基材上,到达基材的料在瞬间(一般为 3~6s)迅速膨胀发泡、形成保温层。这种施工非常方便,可以按照不同形状产生保温层。浇注型硬泡主要用做热力管道、夹芯板及太阳能等保温方面,其可以在工厂内预制,也可以在施工现场加工。浇注可以采用机械设备,也可以采用手工方式,一般都有固定的模具或夹具,在模具空腔中浇注、发泡固化后形成保温层。埋地管道多为硬泡。

1. 技术参数

(1)保温材料密度为 45~60kg/m³,管道保温厚度一般为 30~50mm,导热系数不大于 0.033W/(m·K)。

(2)使用温度为 -50~120℃,黏结强度不小于200kPa,吸水率不大于 0.03g/m³。

(3)闭孔率不小于97%,抗压强度不小于200kPa。

2. 应用效果

聚氨酯泡沫由于其密度高、导热系数小、抗老化、耐酸碱、不易燃烧等性能,从20世纪90年代开始至今,在大庆油田得到了广泛应用,但在部分地下水位较浅的地区埋地管道外防护层破损后,由于"串水"会加速管道腐蚀,所以采用了防水帽、提高聚氨酯泡沫密度及加强管道外防腐等措施,以加强对管道的保护。

二、聚乙烯交联发泡保温

聚乙烯交联发泡保温是以聚乙烯、阻燃剂、发泡剂和交联剂等多种原料共混,用挤出法进行化学交联发泡的一种新型发泡保温材料。化学交联反应是使聚乙烯分子从二维结构变为三维网状结构,材料的化学特性和物理特性相应得到增强,耐温、耐压性能提高。交联剂的选择应视聚合物品种、加工工艺和制品性能而定,在化学交联中又有过氧化物交联、硅烷交联、偶氮交联之分。聚乙烯交联发泡保温采用的硅烷交联及交联剂,是利用含有双链的乙烯基硅烷在引发剂的作用下与熔融的聚合物反应,形成硅烷接枝聚合物,该聚合物在硅烷醇缩合催化剂的作用下,遇水发生水解,从而形成网状的氧烷链交联结构。硅烷交联技术由于其交联所用设备简单、工艺易于控制、投资较低、成品交联度高、品质好,大大推动了交联聚乙烯的生产和应用。除聚乙烯、硅烷外,交联中还需用催化剂、引发剂和抗氧剂等。

1. 技术参数

(1)靠闭孔内的气体绝热,管道保温厚度为 40~50mm,导热系数为 0.038W/(m·K)。

(2)有普通型,也有阻燃型(氧指数不小于 27)和难燃型(氧指数不小于 32)。

(3)在低温条件下材料结构不破坏、不变形、不龟裂。

2. 应用效果

该类保温层一般用在非金属管道上,2006 年大庆外围敖南油田产能建设中,在管道保温中使用了该种产品,从目前运行看,在外部有防护层的条件下,可以作为地下水位较低地区的管材保温材料。

三、复合硅酸盐保温

复合硅酸盐保温材料是一种固体基质连结的封闭微孔网状结构材料,由含铝、镁、硅酸盐的非金属矿质——海泡石为基料,按比例复合加入一定数量的辅助原料和填充料,再加入定量的化学添加剂,经过制浆、入模、定型、烘干、成品、包装等工艺,制造而成。

1. 技术参数

(1)保温材料密度为 80~200kg/m³,管道保温厚度为 30~50mm,导热系数为 0.036~0.06W/(m·K)。

(2)使用温度不大于 600℃,抗压强度为 400kPa,疏水率不小于 98%。

(3)弹性恢复率 100℃时为 98%(50g/cm²)。

2. 应用效果

复合硅酸盐保温材料可根据要求制作成管壳等,可满足各种管道、设备及异形部件的要求,施工较方便,由于其相对岩棉管壳抗压强度高,收缩率小,施工中无毛刺、粉尘等污染,所以广泛应用于对石油站库集输管道的保温。

第四节 管道阴极保护技术

根据 NACE RP0169 定义,阴极保护是通过使金属表面成为电化学电池的阴极而降低金属表面腐蚀的技术。1928 年,美国在新奥尔良的一条输气管线上安装了第一台阴极保护整流器,开启了管道阴极保护技术实际应用的先河。采用防腐层与阴极保护联合保护已成为埋地钢质管道外腐蚀控制最经济、有效的保护方式。

一、阴极保护方法

1. 牺牲阳极阴极保护

牺牲阳极保护法是将一种比保护金属电位更负的金属或合金与被保护金属电性连接,在同一电解质中,电位较负的金属成为阳极优先溶解,提供阴极保护电流,使被保护体免受腐蚀得到保护的方法(图 7-3)。

牺牲阳极基本要求:

(1)要有足够负的稳定电位。

(2)自腐蚀速率低且腐蚀均匀,产物易脱落。

(3)高而稳定的电流效率。

（4）电化学当量高,即单位质量的电容量要大。

（5）腐蚀产物无公害,不污染环境。

（6）材料来源广,易加工,价格低廉。

土壤中常用的牺牲阳极有镁基合金和锌基合金两类牺牲阳极。

镁基合金阳极可用于电阻率为 $20 \sim 100\Omega \cdot m$ 的土壤环境,电位较负且稳定,高电位镁基合金阳极的电位为 $-1.75V(CSE)$,低电位镁基合金阳极的电位为 $-1.55V(CSE)$,但镁基合金阳极电流效率较低,约 50% 左右。

锌基合金阳极多用于土壤电阻率小于 $15\Omega \cdot m$ 的土壤环境或海水环境。电极电位仅为 $-1.1V(CSE)$。在温度高于 $60℃$ 时,极性会发生逆转,锌基合金成为阴极受到保护,而钢铁则成为阳极受到腐蚀。因此,锌基合金阳极仅用于温度低于 $60℃$ 的环境。

2. 强制电流阴极保护

强制电流阴极保护是利用外部直流电源向被保护体提供阴极保护电流的技术,由整流电源、地床、参比电极、连接电缆组成。埋地管道强制电流阴极保护见图 7-4。

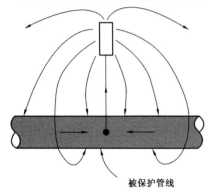

埋地且以电缆连接到管线上的工作镁基合金
阳极或锌基合金阳极将释放电流和保护管线

被保护管线

图 7-3　管道牺牲阳极保护法示意图

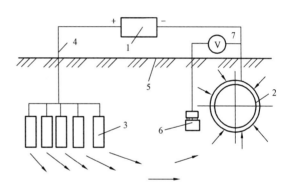

图 7-4　埋地管道强制电流阴极保护示意图
1—电源;2—管道;3—辅助阳极;4—电缆;
5—土壤;6—参比电极;7—电压表

直流电源是强制电流阴极保护系统的重要组成部分,它的基本要求是稳定可靠,可长期连续运行,适应当地的工作环境条件,输出阻抗应与管道—阳极地床回路电阻相匹配等。常用直流电源有整流器、恒电位仪、恒电流仪、热电发生器（TEG）、闭循环蒸汽发电机（CCVT）、风力发电机、太阳能电池及大容量蓄电池等。

辅助阳极（也称惰性阳极）是强制电流阴极保护系统中,将保护电流从电源引入土壤中的导电体。按阳极溶解性,辅助阳极可分为可溶性阳极（钢、铝）、微溶性阳极（高硅铸铁、石墨）和不溶性阳极（铂、镀铂、金属氧化物）三类。辅助阳极基本要求如下:

（1）消耗率低。

（2）阳极极化低。

（3）导电性好。

（4）可靠性高。

（5）足够的机械强度和稳定性。

（6）耐磨蚀、抗侵蚀。

（7）材料来源广,价格便宜。

（8）容易制造成各种形状。

辅助阳极地床是阴极保护站重要的辅助设施,通常阳极地床可分为深井和水平连续浅埋两种形式。

3. 阴极保护方法选择

强制电流阴极保护与牺牲阳极阴极保护性能对比见表 7-2,阴极保护方法选择时需要考虑的因素主要有保护范围、土壤电阻率、周围邻近的金属构筑物影响、防腐层质量、有无可利用电源及经济性。

表 7-2　阴极保护方法比较

方法	优点	缺点
强制电流阴极保护	输出电流连续可调; 保护范围大; 不受环境电阻率限制; 工程越大越经济; 保护装置寿命长	一次性投资较高; 需要外部电源; 对邻近的地下金属构筑物有干扰; 维护管理工作量较大
牺牲阳极阴极保护	不需要外部电源; 对邻近的地下金属设施无干扰或干扰很小; 施工简单,投产运行后不需要特殊管理; 工程越小越经济; 保护电流分布均匀,利用率高; 不会产生过保护	高电阻率环境不宜使用; 驱动电位低,保护电流调节范围窄; 防腐层质量必须好; 投产调试工作复杂; 消耗有色金属; 需要定期更换

二、阴极保护的基本标准

NACE RP0169 列出了适用于埋地或水下钢质管道阴极保护的三个基本标准:

（1）通电电位 -850mV 准则。在施加阴极保护的情况下,负（阴极）电位应至少达到 -850mV。这个电位是相对于与电解质相接触的饱和铜/硫酸铜参比电极测量的。

（2）极化电位 -850mV 准则。相对饱和硫酸铜参比电极至少 -850mV 的负极化电位时,就获得了准确的保护。

（3）100mV 极化值准则。管道表面和与电解质稳定接触的参比电极之间最小的阴极极化电位 100mV。为满足这个标准,可以测量到极化的建立或消除,那么就实现了正常的阴极保护。

三、阴极保护主要参数

1. 保护电位

根据阴极保护原理,电位是衡量阴极保护效果的最重要的参数。保护电位是指当阴极保护时,使金属腐蚀停止（或可忽略）时的电位值。

2. 保护电流密度

保护电流密度指被保护构筑物单位面积上所需的外加保护电流。

通常所说的保护电流密度,实际上是指最小保护电流密度,即使金属腐蚀降低至最低程度或停止时所需的电流密度的最小值。

3. 保护度与保护率

保护度与保护率是衡量阴极保护效果的另外两个参数。

保护度(P)是指实施阴极保护使金属腐蚀速率降低的程度。

$$P = \frac{i_{corr} - i_a}{i_{corr}} \times 100\% = \left(1 - \frac{i_a}{i_{corr}}\right) \times 100\%$$

保护率(Z)是指施加的外加阴极保护电流中用于降低金属腐蚀的部分在总电流中所占的比重。

$$Z = \frac{i_{corr} - i_a}{i_p} \times 100\% = \frac{P}{i_p/i_{corr}}$$

式中　i_p——总电流;

　　　i_a——被保护金属电流;

　　　i_{corr}——外加保护电流。

第八章 低渗透油田建设示范工程

近年来,作为年产原油 $4000 \times 10^4 t$ 持续稳产的重要组成部分,大庆油田非常重视外围低渗透油田的开发建设,在新区块的产能建设工程中不断加大地面工程优化、简化技术的应用力度,形成了以采取"三化"措施、"十八项"技术建设的敖南油田为代表的外围低渗透油田建设模式。为降低外围油田建设投资,实现高寒地区低产低渗透油田的有效开发提供了坚实的技术保障。

第一节 敖南油田开发基本情况

一、开发概况

敖南油田含油面积 $282.7 km^2$,开采层位为葡萄花油层,共安排 21 个区块。2006—2007 年共规划基建油水井 1906 口,其中油井 1399 口,注水井 507 口,建成产能 $95.55 \times 10^4 t$,计划两年实施,其中 2006 年基建油水井 1087 口(采油井 848 口,注水井 239 口),建成产能 $55.81 \times 10^4 t$;2007 年基建油水井 819 口(采油井 551 口,注水井 268 口),建成产能 $39.74 \times 10^4 t$。

该区块原油凝点为 32℃,气油比为 $35.5 m^3/t$,油层中部深度为 $1120 \sim 1600 m$,直井和斜井平均钻井深度分别为 $1175 \sim 1520 m$ 和 $1249 \sim 1645 m$。注水压力 $15.3 \sim 20.0 MPa$,储层空气渗透率为 $9.6 \sim 40.9 mD$。注水水质采用两种指标,对于渗透率小于 $20 mD$ 的区块,注入水质要求含油量不大于 $5.0 mg/L$,悬浮固体含量不大于 $1.0 mg/L$,悬浮物粒径中值不大于 $1.0 \mu m$,简称"5.1.1"注水标准(表 4-2);对于渗透率大于 $20 mD$ 的区块,注入水质要求含油量不大于 $8.0 mg/L$,悬浮固体含量不大于 $3.0 mg/L$,悬浮物粒径中值不大于 $2.0 \mu m$,简称"8.3.2"注水标准(表 4-2)。

二、地面概况

敖南油田位于黑龙江省大庆市肇源县境内,区域内已形成了以茂新路、大茂路、安惠路、安民路及林肇路构成的道路交通网。南引水库泄水干渠在区域内东西向穿过。

按开发布井方案,2006—2007 年油水井共集中分布于三块,即油区中部地区(主力油区)、北部地区和南部地区,其中北部区块隶属于大庆油田采油七厂,南部区块隶属于大庆油田采油九厂,中部区块隶属于两个采油厂。油田北部和南部地区距油田中部主力区块分别为 27.8 km 和 17.5 km。油田中部主力区块距新一联 22 km,距新肇联 30 km,距葡三联 30 km,距敖包塔联合站 14 km,距葡北油库约 50 km(图 8-1)。

油区内除部分地势较好外,大部分地区地势低洼,并且以水泡子井、养鱼池井居多,其中油田北部和中部地区的东部区块有 70% 的井在低洼地、水泡子和养鱼池中。

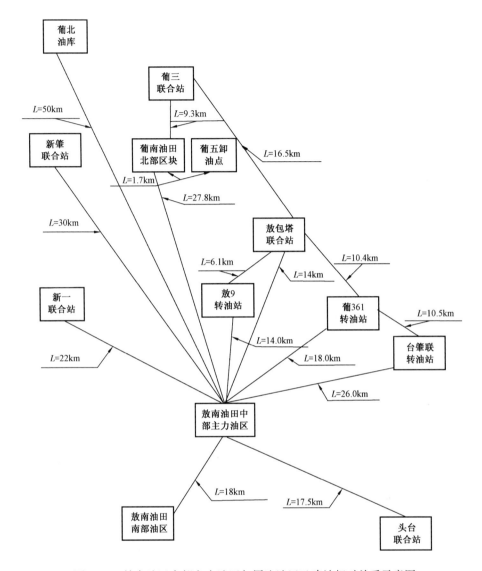

图 8 - 1　敖南油田中部主力油区与周边油田已建站相对关系示意图

第二节　敖南油田地面工程技术特点

与大庆老区油田相比,敖南油田主要面临如下五方面的不利因素:

(1) 开发对象差,主要表现为"三低一深"。

① 油层渗透率低,为 9.6~40.9mD,其中注入层系渗透率为 9.6~20mD 的注水井占总注水井数的 43.8%,属于特低渗透层;注入层系渗透率为 20~40.9mD 的注水井占总注水井数的 56.2%,属于低渗透层。

② 单井产油量低,一般单井产量为 1.2~7.0t/d。其中 1.8t/d 以下的油井占总油井数的 37.4%;2.0~2.58t/d 的油井占总油井数的 58.4%;水平井产油量为 7t/d,仅占总油井数

的 4.2%。

③ 储量丰度低,仅为 $10.5 \times 10^4 t/km^2$。

④ 油层埋藏深,油层中部深度为 1120~1600m,其中油层深度低于 1200m 的井仅占总井数的 6.5%,油层深度为 1200~1300m 的井占总井数的 22.6%,油层深度为 1300~1500m 的井占总井数的 57.2%,油层深度为 1600m 的井占总井数的 13.7%。与大庆油田老区相比,平均深 200~600m。

(2)原油物性差,主要表现是"两高一低":原油凝点高,为 32℃,萨喇杏油田为 27℃ 左右;黏度高,为 20.9mPa·s,萨喇杏油田为 14mPa·s 左右;气油比低,为 35.5m³/t,萨喇杏油田为 50m³/t 左右。

(3)建设环境差:敖南油田近 40% 的井位于低洼地、水泡子、养鱼池中,34.5 的井位于耕地中,3.0% 的井位于林地中,只有 22.5% 的井位于一般草地中,征地费用高,建设难度大。

(4)系统依托差:敖南油田主力油区中部距已建地面站场均在 20km 以上,依托条件差,油气输送距离远,供电线路及道路长。

(5)气候条件差:冬季气候寒冷,极端最低气温 -36.2℃,平均最低气温为 -25.1℃,最大冻土深度为 2.3m,集输难度大,集输加热需要用电或外引天然气。

为有效动用敖南油田,地面工程系统积极采取了"四优三化"措施,应用十八项技术,开展两项试验,实现了"四个突破",创出了"兼顾地上地下、满足生产需要、产能投资最省、运行费用最低"的紧凑、精干、经济型外围油田产能建设新模式。

一、采取"四优"措施

1. 优化总体方案

采用多方案优化比选的方法,优化敖南油田地面工程总体方案,主体和配套专业共编制了 33 套方案,运用了投资及 10 年费用现值的经济评价手段,同时结合生产管理,经综合对比,推荐出了 14 套地面建设方案,共节省投资及 10 年费用现值 2451 万元。

2. 优化整体布局

(1)敖南油田掺水集油流程采用二、三级相结合的布站方式;电热流程采用二级布站方式。总体布局示意图如图 8-2 所示。

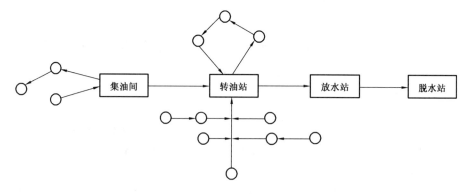

图 8-2 总体布局示意图

新建油井集中地区转油站管井数均在 200 口井以上,比外围常规转油站辖井数翻了一番多,集油半径由目前的 5km 增大到 10km,集油间以下分厂布置,转油站以上两厂合建。

敖南中部地区建设转油站 4 座,与常规布站相比,减少了 7 座转油站,节省建设投资约3300 万元。油田中南部集中建设 1 座放水站,北部地区建设 1 座脱水站,净化原油通过葡三联和葡一联脱水站输送至葡北油库。油田伴生气除了自耗外,剩余气集中输至放水站进行燃气发电。

(2)为了减少建站数量,敖南油田供气、供水及供电系统采用两厂统一考虑,集中布站,水处理站、变电所合一建设,共少建供气管道 8km、地下水深度处理站 1 座、变电所 1 座,共节省建设投资 1115 万元。

(3)充分挖掘已建设施剩余潜力:敖南中部采用两厂统一管理建站的方式,减少新建转油站两座,节省建设投资 2500 万元;利用已建脱水能力 1200t/d,并通过改造满足了生产需要;同时,利用 340m³/d 的污水处理能力,与新建站相比,共节省建设投资 1800 万元;利用净化油输油管道 45km,节省建设投资 1700 万元;敖南油田北部地区利用两座变电所供电能力,并通过增容满足供电需求,与新建变电所相比,节省建设投资 800 万元。

3. 优化集输参数

大庆油田常规设计参数为:含水油进转油站温度高于原油凝点 3 ~ 5℃,井口回压不大于1.0MPa。按此参数设计,一般外围油田平均单井掺水量在 0.7m³/h 以上。敖南油田首次采用了“含水油进转油站温度为原油凝点进站,井口回压不大于 1.3MPa”的设计参数,平均单井掺水量仅为 0.25m³/h 左右,掺水量降低了 64 个百分点,年可节省运行费用 1431.6 万元。

4. 优化注水方式

敖南油田共开发部署了 22 个区块,采用两种注水水质标准,注水压力共有 11 种,通过多方案比选及综合分析,确定每座注水站是否采用分质、分压注水,并且在注水标准为“8.3.2”(表 4 - 2)地区采用清污混注技术,清污水共建一套注水管网,与清污分注相比,节约机泵 12台、管道 30km,共节省建设投资 2065 万元。

二、采取“三化”措施

1. 地面地下一体化

敖南油田有 40% 的井位于低洼地、水泡子及养鱼池中,37.5% 的井位于耕地及林地地区。因此,为了提高油田综合开发效益,采用直井、丛式井及水平井联合钻井方式,减少占地 96.5 ×10⁴m²,减少了地面建设工程量,降低了地面建设投资和维护费用,与钻直井方案相比,开发井投资增加 3000 万元,但地面建设投资节省 8000 万元,因此开发建设总投资节省约 5000万元。

2. 工艺设备节能化

(1)单井集油管道、注水、供水、污水管道采用非金属管道,不但降低了管道的水力损失,而且减少了管道更新维护费用,延长了使用寿命。

(2)采用了高效节能型加热炉,加热炉效率由常规设备的 75% 提高到 90%,平均每年节气 60 × 10³m³,节省运行费用 31 万元。

（3）油区内部采用 SH11 节能型变压器 835 台和节能拖动装置 1340 套,与普通设备相比,每年节电 $792 \times 10^4 kW \cdot h$,年节省运行费用约 410 万元。

（4）线路采用高压无功补偿装置 97 套,改善了供电质量,降低了网损,每年节电 $1382 \times 10^4 kW \cdot h$,节省运行费用 718 万元。

3. 工艺技术简化

采用单管环状掺水集油流程、单干管单井配水和单干管多井配水流程、串联集输油、多功能高效合一设备、便携式软件量油、多功能储罐拉油、分质分压注水、清污混注流程等技术措施,使工艺技术更加简化,取得了降低投资的效果,共减少建设投资 13018 万元。

三、开展两项现场试验

1. 电热管单管集油试验

为探索电热管单管集油技术在大庆外围油田的应用效果,针对敖南油田油气比较低,且各井区相对分散的实际情况,在油田中部地区选择了 1 座转油站对 244 口油井进行电热集油试验。该流程不设集油阀组间,油井产液在井口经电加热器升温后,利用电热管道保温输送,多井串联,集油管道呈枝状敷设,通过几条干线把油井产液集输至转油站或集中处理站（图 8-3）。可节省集油管道 48%,单井投资降低了 21%,单井节省投资 8.9 万元。与单管环状掺水流程相比,吨油能耗节省了 39%,吨油运行能耗节省 58.6kg 标准煤。

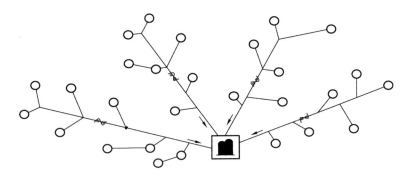

图 8-3 电热管单管集油示意图

○ 产油井; ■ 转油站; ∿ 电伴热管; → 集油干线到转油站集油管线

2. 地下水深度处理试验

大庆油田的特低渗透油层开发尚处于初期阶段,还没有成熟的水处理工艺能够使注水水质达到"5.1.1"标准。因此,敖南油田新建地下水深度处理站采用的特低渗透油层水处理工艺,是在低渗透水处理工艺的基础上,增加了一套氟聚高分子有机超滤膜过滤,以满足注水水质要求。

地下水深度处理站来水先经锰砂除铁罐除铁后,进入精细过滤器处理,出水指标为"8.3.2"标准;后经超滤装置处理后,出水指标达到"5.1.1"标准。敖南油田地下水深度处理站流程见图 8-4。

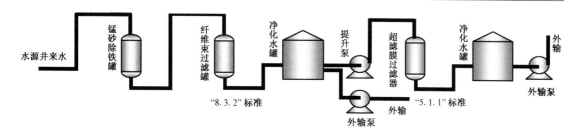

图 8 - 4　敖南油田地下水深度处理站流程图

四、实现四个突破

(1)突破了大庆地区环状掺水设计参数:采用原油凝点进站,比常规掺水流程进站温度低了 3 ~ 5℃,井口回压比常规集油井口回压高 0.3MPa,单井掺水量由常规的 0.7 ~ 1.2m³/h 降低到 0.25 ~ 0.3m³/h。

(2)突破了掺水集油模式:在一个转油站采用了单管电热集油流程,打破了掺水集油的单一模式。在实际生产中,原油进站温度可以低于凝点 10℃ 左右进站。

(3)突破了集油半径:由常规的小环掺水改进为大环掺水,集油半径由常规 5km 增加到 12km,单环带井数由常规 5 ~ 6 口井增加到 10 ~ 15 口井。电热集油流程采用井口设置电加热器,然后由电热管保温进站,集油流程最大为 9km,1 条主线最多可带 112 口油井。转油站由常规的管辖井数最多 100 口井增加至 300 口井左右。

(4)突破了常规管理界限:敖南油田归属于两个采油厂管辖,在规划布局时,不考虑厂界束缚,转油站、放水站、脱水站、含油污水处理站、地下水深度处理站、变电所、消防站以及通信、道路等工程采取统一布局。生产时,每座站均由 1 个厂管理,各种生产数据分厂计量后划分产量和生产消耗。

五、应用十八项技术

1. 单管环状掺水集油技术

单管环状掺水集油技术能耗低、投资低,与双管掺水集油、三管伴热集油技术相比,分别节约单井集油管道 35% 和 65% 左右,成功地满足了高寒地区低产井的集输需要。

单管环状掺水集油流程采用多井串联集油,首先集油阀组间掺水到第一口井,然后若干口井共用一根管线,将油井产液和掺水回输到集油阀组间,再送往转油站或集中处理站。每座集油阀组间管辖油井一般不超过 30 口,每座阀组间管辖集油环一般不超过 6 个,每个集油环管辖油井一般为 3 ~ 5 口。

2. 原油集输站串联集输油技术

1)阀组间串联集油技术

同方向的集油阀组间集油管道串接进转油站。本区块共有 16 座阀组间串接进站,与阀组间单独进站相比,节约站间管道 42km,节约建设投资 1500 万元。

2)转油站串联输油技术

同方向的转油站的外输管道串联进入放水站。本区块共有两座转油站串联进入脱水站,与转油站外输管道单独进脱水站方式相比,节约站间管道 3.5km,节约建设投资 90 万元。

3. 大站集油布站技术

充分利用油井井口回压,精细设计,扩大集油半径,使转油站管井数由目前的最多 100 口井增至 250 多口井,少建 7 座转油站,节省建设投资 3300 万元。

4. 多功能高效处理技术

转油站、放水站采用加热、分离、缓冲、沉降"四合一"装置,脱水站采用高效三相分离器,减少了设备台数、站场占地面积和操作岗位,节约建设投资约 1000 万元。新建转油站站内流程如图 8 - 5 所示。

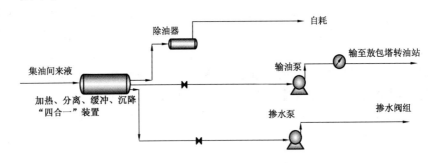

图 8 - 5　新建转油站站内流程图

5. 多功能储罐拉油技术

采用了多功能储罐(图 8 - 6)拉油技术,对于偏远零散油井,产出的油气水直接进入多功能储罐进行分离、沉降、储存,达到一定数量后,利用自分离的天然气加热,装入罐车,拉运到卸油点,解决了偏远机采井的集油问题,地面仅建设通井路及多功能储罐。地面建设单井投资仅为 24.3 万元。

图 8 - 6　多功能储罐

6. 提捞采油技术

采用提捞车进行单井捞油,解决了特低产油井采油难题。地面只建设通井路及卸油点,租用地方提捞队,使得地面投资大幅度降低。地面建设单井投资仅为 15.0 万元。

7. 便携式软件量油、标定车校验技术

共有 1314 口单管环状掺水集油工艺油井采用了功图法和液面恢复法兼备的便携式软件量油仪计量技术,配套计量标定车校验,满足了油田开发的要求,与固定式功图法量油数据微波传送相比,节约投资 1116 万元。

8. 高压蒸汽热洗清蜡技术

采用高压蒸汽热洗车清蜡,取消了固定热洗,使环状集油得以实施,大幅度降低了地面建设投资。

9. 单干管单井与单干管多井相结合的配水技术

根据注水井的分布,采用单干管单井与单干管多井相结合的配水技术,距离较近的注水井串联,同时安装防盗型机械水表,与常规的多井配水技术及稳流配水装置相比,地面建设节约投资 3260 万元。

10. 供注水系统采用分质、分压及清污混注技术

针对敖南油田注水站所辖井的注水压力和渗透率不同,采用了分质、分压及清污混注技术,与分开建设相比,少建机泵 12 套,少建管道 30km,节省建设投资 2065 万元。

敖南油田 21 个开发区块共有 11 个压力系统(15.3 ~ 20.0MPa),对于注水站所辖区块注水井系统压差不超过 1.5MPa 时,注水站采用同一压力系统,所辖区块注水井系统压差超过 1.5MPa 时,通过投资及 10 年费用现值进行方案比选,确定是否分压注水。根据上述原则,对敖南油田注水系统进行分析及优化,中、南部地区注水站采用相同压力系统,北部地区注水站采用分压注水。

为了节省建设投资,敖南油田中部水质站的布局实施了采油七厂和采油九厂合建地下水处理站方案,建设位置位于采油九厂区域,集中处理,分厂计量(图 8 - 7)。

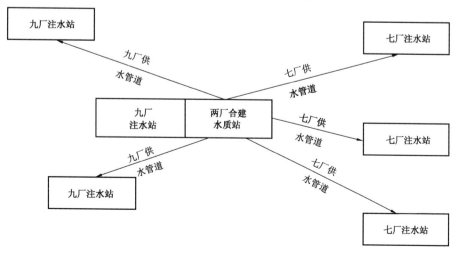

图 8 - 7　两厂合建水质站供水示意图

11. 非金属管道应用技术

低压供水、污水管道、集油管道及部分注水管道采用了非金属材质,有效地解决了低洼地金属管道的腐蚀问题,保证了注水水质。同时,非金属管道的水力学特性较好,可降低管道水力摩阻,节约能耗。本项目共采用非金属管道 830km。

12. 变频调速装置节电技术

输油泵、掺水泵及注水泵电动机均采用变频调速装置,每一泵组装一台变频器,采用一拖二供电方式,控制多台电动机运行,针对不同的工况使精细调节成为可能。共配备变频器 25 台,节省运行费用 144 万元。

13. 拖动装置节电技术

抽油机配电采用节能型一体化拖动装置 1340 套,与原异步电动机相比,有功节电率 18%,无功节电率 65%,综合节电率在 12% 左右,年可节约电量 $540 \times 10^4 kW \cdot h$,节省运行费用 279 万元。

14. 高效变压器技术

配电变压器采用 SH11 型,与同容量 S9 型相比,空载损耗降低 70%~80%,负载损耗降低 26%,使用寿命长,运行时间可达 30 年,敖南油田共新建高效变压器 835 台,年节电可达 $251 \times 10^4 kW \cdot h$,节省运行费用 131 万元。

15. 单变压器多井供电技术

丛式井场采用一台变压器给多井供电,最多的单台变压器给 7 口油井供电;独立直井采用一台变压器给 2~3 口井供电,减少了变压器台数。本区块共建机采井 1340 口,采用此项技术后,共配置变压器 835 台。与单井配单台变压器相比,节约投资 1006 万元。

16. 无功补偿技术

采用高、低压无功补偿装置 97 套,补偿容量为 $2.6 \times 10^4 kVar$,年节约电量 $1382 \times 10^4 kW \cdot h$,节省运行费用 718 万元。

17. 微机变电站技术

有两座变电所采用了微机综合自动化装置代替传统的继电保护方式,提高了变电所供电可靠性和自动化管理水平,平均每年减少两次控、保系统的运行维护费用 37 万元。

18. 水泥混凝土过水路面技术

道路设计方面充分采用成熟的高寒地区油田道路设计技术,同时结合新技术,即在对道路布局的合理性、路网分布的宏观性优化基础上,采用沥青表处路和水泥混凝土过水路相结合的建设方式。

水泥混凝土过水路路面结构(图 8-8):
(1)低洼地为 20cm 水泥混凝土 + 15cm 水泥稳定砂砾 + 20cm 水泥稳定砂 + 20cm 砂垫层。
(2)草地为 20cm 水泥混凝土 + 15cm 水泥稳定砂砾 + 20cm 水泥稳定砂。
(3)旱地为 20cm 水泥混凝土 + 15cm 石灰土碎石 + 15cm 石灰土。

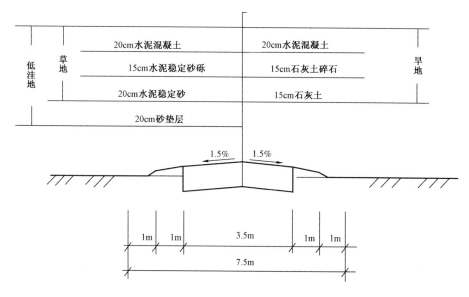

图 8 - 8　水泥混凝土过水路路面结构

敖南油田过水路面 2006 年投入使用,经过几年的运行可见,维护费用低,效果较好。对开发形势明朗、整装区块井排路使用水泥混凝土过水路面,可减少道路的日常维护工作量;在江滩与泄洪区油田道路使用过水路面,可确保道路通行;在耕地中使用过水路面,可减少阻水现象的发生。

第三节　经济效益分析

按建设投资计算,单井要投资 240.6 万元,百万吨产能需投资 47.9 亿元。

油价按 40 美元/bbl❶价格计算,税后财务内部收益率为 11.0%,投资回收期为 5.6 年(含建设期)。高于行业基准(投资项目内部收益率不低于 10%),经济上可行。

油价按 60 美元/bbl 价格计算,税后财务内部收益率为 17.7%。

油价按 100 美元/bbl 价格计算,税后财务内部收益率为 25.9%。

敖南油田在地面建设方案编制中,引入了新的规划设计理念,以科学试验为先导,以开发生产为核心,以优化、简化为手段,以降本增效为目的,采取了"四优三化"措施,应用十八项技术,开展两项试验,实现了"四个突破",使敖南油田地面工程建设降低了工程投资,提高了开发效益,取得了良好效果,开创了大庆外围油田开发建设的敖南模式。敖南油田总体设计与常规设计相比,共节省建设投资 25648 万元,节省年运行费用 3064 万元,目前生产运行平稳,节能效果显著。据统计,敖南油田吨油耗电为 126kW·h,吨油耗气为 25m³/t,与外围油田总体相比,分别降低了 42.6 和 47.9 个百分点。

❶　1bbl = 158.9873dm³。

参 考 文 献

[1] 张良杰,等. 大庆油田建设设计研究院地面工程技术发展史[M]. 上海:上海科学技术出版社,2000.

[2] 冯叔初,郭揆常,等. 油气集输与矿场加工[M]. 东营:中国石油大学出版社,2006.

[3]《油田油气集输设计手册》编写组. 油田油气集输设计技术手册[M]. 北京:石油工业出版社,1994.

[4] 王怀孝,李杰训,等. 难动用储量开发实用地面工程技术[M]. 北京:石油工业出版社,2005.

[5] 严大凡,张劲军. 油气储运工程[M]. 北京:中国石化出版社,2004.

[6] 张新政,侍相礼,刘玉珊. 油田高含水期地面工程[M]. 北京:石油工业出版社,2005.

[7] 齐振林. 大庆油田地面工程优化简化工艺技术[M]. 北京:中国科学技术出版社,2010.

[8] 肯·阿诺德,英里斯·斯图尔特. 油气田地面处理工艺(卷一)[M]. 北京:石油工业出版社,1993.

[9] 冯永训. 油田采出水处理设计手册[M]. 北京:中国石化出版社,2005.

[10] 李占辉,朱丹,王国丽. 油田采出水处理设备选用手册[M]. 北京:石油工业出版社,2004.

[11] 中国石油天然气集团公司. 油田注水工程设计规范[M]. 北京:中国计划出版社,2006.

[12] 张翼,林玉娟,赵雪峰,等. 水资源与油田污水的分析处理技术[M]. 哈尔滨:哈尔滨地图出版社,2005.

[13]《石油和化工工程设计工作手册》编委会. 石油和化工工程设计工作手册第二册:油气田地面工程设计[M]. 东营:中国石油大学出版社,2010.